Zeit und freier Wille

Über den Autor:

Henri Bergson (1859-1941) war ein französischer Philosoph, der für seine Arbeiten zur Zeit, Bewusstsein und Kreativität bekannt ist. Er studierte an der École Normale Supérieure und wurde Professor am Collège de France. Bergsons Hauptwerke, darunter "Materie und Gedächtnis" und "Schöpferische Evolution", betonten die Bedeutung der Intuition und die Rolle der Zeit als dynamischer Prozess. 1927 erhielt er den Nobelpreis für Literatur. Bergsons Philosophie beeinflusste sowohl die französische als auch die internationale intellektuelle Szene erheblich und bleibt bis heute ein wichtiger Bezugspunkt.

Über das Buch:

Henri Bergsons "Zeit und freier Wille: Ein Essay über das phänomenale Bewusstsein" bietet eine tiefgründige Analyse der menschlichen Wahrnehmung von Zeit und Bewusstsein. Bergson argumentiert, dass die konventionelle Wissenschaft durch ihre räumlichen Metaphern die wahre Natur der Zeit verkennt. Mit einer klaren Unterscheidung zwischen messbarer, äußerer Zeit und erlebter Dauer bietet dieses Werk eine neue Perspektive auf das Problem des freien Willens. Bergsons innovative Gedanken fordern die Leser auf, über die traditionellen Grenzen des Determinismus hinauszudenken und die subjektive Qualität der menschlichen Erfahrung zu schätzen.

ZEIT UND FREIER WILLE

Ein Essay über das
Phänomenale Bewusstsein

von

HENRI BERGSON

PROFESSOR AM COLLÈGE DE FRANCE

ÜBERSETZUNG 2024:

SOPHIA WAGNER

tredition

© 2024 Henri Bergson, Sophia Wagner

Übersetzung: Sophia Wagner (sophiawagner.blg1.de)
Sprache der Originalausgabe: Französisch

Druck und Distribution im Auftrag des Autors/der Autorin:
tredition GmbH, Halenreie 40-44, 22359 Hamburg, Deutschland

Softcover ISBN 978-3-384-29931-4

INHALTSVERZEICHNIS

Inhaltsverzeichnis

VORWORT DES AUTORS

Wir drücken uns notwendigerweise mit Worten aus und denken gewöhnlich in Begriffen des Raums. Das heißt, die Sprache verlangt von uns, dass wir zwischen unseren Ideen die gleichen scharfen und präzisen Unterscheidungen, die gleiche Diskontinuität wie zwischen materiellen Objekten herstellen. Diese Angleichung der Gedanken an die Dinge ist im praktischen Leben nützlich und in den meisten Wissenschaften notwendig. Aber man kann sich fragen, ob die unüberwindlichen Schwierigkeiten, die bestimmte philosophische Probleme aufwerfen, nicht daher rühren, dass wir Phänomene, die keinen Raum einnehmen, im Raum nebeneinander stellen, und ob wir den Kampf nicht beenden könnten, wenn wir uns nur der unbeholfenen Symbole entledigen, um die wir kämpfen. Wenn eine unzulässige Übersetzung des Unausgedehnten in das Ausgedehnte, der Qualität in die Quantität, den Widerspruch in den Kern der Frage eingeführt hat, muss der Widerspruch natürlich auch in der Antwort wiederkehren.

Das Problem, das ich gewählt habe, ist eines, das der Metaphysik und der Psychologie gemeinsam ist: das Problem des freien Willens. Was ich zu beweisen versuche, ist, dass jede Diskussion zwischen den Deterministen und ihren Gegnern eine vorherige Verwechslung von Dauer mit Ausdehnung, von Abfolge mit Gleichzeitigkeit, von Qualität mit Quantität impliziert: Wenn diese Verwechslung einmal ausgeräumt ist, werden wir vielleicht Zeuge des Verschwindens der Einwände gegen den freien Willen, der Definitionen, die für ihn gegeben werden, und in gewissem Sinne auch des Problems des freien Willens selbst. Dies zu beweisen, ist das Ziel des dritten Teils des vorliegenden Bandes: die ersten beiden Kapitel, die die Begriffe der Intensität und der Dauer behandeln, sind als Einleitung zum dritten Teil geschrieben worden.

H. BERGSON.

KAPITEL I - DIE INTENSITÄT DER PSYCHISCHEN ZUSTÄNDE

Gewöhnlich wird zugegeben, dass Bewusstseinszustände, Empfindungen, Gefühle, Leidenschaften, Anstrengungen zu- und abnehmen können; man sagt sogar, dass eine Empfindung doppelt, dreifach, vierfach so intensiv sein kann wie eine andere Empfindung der gleichen Art. Diese letztere These, die von den Psychophysikern vertreten wird, werden wir später untersuchen; aber selbst die Gegner der Psychophysik sehen keinen Schaden darin, von einer Empfindung als intensiver als von einer anderen, von einer Anstrengung als größer als von einer anderen zu sprechen und auf diese Weise Mengenunterschiede zwischen rein inneren Zuständen aufzustellen. Auch der gesunde Menschenverstand zögert nicht, sein Urteil über diesen Punkt abzugeben; man sagt, man sei mehr oder weniger warm oder mehr oder weniger traurig, und diese Unterscheidung von mehr und weniger überrascht niemanden, selbst wenn man sie in den Bereich der subjektiven Tatsachen und der nicht ausgedehnten Objekte überträgt. Aber es handelt sich hier um einen sehr obskuren Punkt und um ein viel wichtigeres Problem, als man gewöhnlich annimmt.

Kann es quantitative Unterschiede in den Bewusstseinszuständen geben?

Wenn wir behaupten, dass eine Zahl größer ist als eine andere Zahl oder ein Körper größer als ein anderer Körper, wissen wir sehr genau, was wir meinen.

Denn in beiden Fällen spielen wir auf ungleiche Räume an, wie wir weiter unten im Detail zeigen werden, und wir nennen denjenigen Raum den größeren, der den anderen enthält. Wie aber kann eine intensivere Empfindung eine weniger intensive enthalten? Sollen wir

Diese Unterschiede gelten für die Größenordnungen, nicht aber für die Intensitäten.

sagen, dass das Erste das Zweite impliziert, dass wir die Empfindung höherer Intensität nur unter der Bedingung erreichen, dass wir zuvor die weniger intensiven Stadien derselben Empfindung durchlaufen haben, und dass wir es in gewissem Sinne auch hier mit dem Verhältnis von Behälter zu Enthaltenem zu tun haben? Diese Auffassung von intensiver Größe scheint in der Tat die des gesunden Menschenverstandes zu sein, aber wir können sie nicht als philosophische Erklärung vorbringen, ohne uns in einen Teufelskreis zu verstricken. Denn es steht außer Zweifel, dass in der natürlichen Zahlenreihe die spätere Zahl die frühere übertrifft, aber die Möglichkeit, die Zahlen in aufsteigender Reihenfolge anzuordnen, ergibt sich gerade daraus, dass sie zueinander die Beziehungen von Gefäß und Inhalt haben, so dass wir uns in der Lage fühlen, genau zu erklären, in welchem Sinne die eine größer ist als die andere. Die Frage ist also, wie es uns gelingt, eine solche Reihe mit Intensitäten zu bilden, die sich nicht übereinander legen lassen, und an welchem Zeichen wir erkennen, dass die Glieder dieser Reihe z.B. zunehmen, statt abzunehmen: aber das führt immer wieder zu der Frage zurück, warum eine Intensität einer Größe gleichgesetzt werden kann.

Man will nur der Schwierigkeit entgehen, wenn man, wie es gewöhnlich geschieht, zwischen zwei Arten von Größen unterscheidet, von denen die erste extensiv und messbar, die zweite intensiv und nicht messbar ist, von der man aber dennoch sagen kann, dass sie größer oder kleiner ist als eine andere Größe. Denn damit wird anerkannt, dass diese beiden Formen der Größe etwas Gemeinsames haben, da sie beide als Größen bezeichnet und als gleichermaßen fähig zur Vergrößerung und Verkleinerung erklärt werden. Was aber kann, vom Standpunkt der Größe aus betrachtet, zwischen dem Extensiven und dem Intensiven, dem Ausgedehnten und dem Unausgedehnten gemeinsam sein? Wenn wir im ersten Fall das, was das andere enthält, als die größere Menge bezeichnen, warum sprechen wir dann noch von Menge und Größe, wenn es weder ein Behältnis noch ein

Enthaltenes mehr gibt? Wenn eine Menge zunehmen und abnehmen kann, wenn wir in ihr sozusagen das *Weniger* im *Mehr* wahrnehmen, ist eine solche Menge dann nicht gerade deshalb teilbar und damit ausgedehnt? Ist es dann nicht ein Widerspruch, von einer unausgedehnten Menge zu sprechen? Und doch stimmt der gesunde Menschenverstand mit den Philosophen überein, indem er eine reine Intensität als eine Größe aufstellt, gerade so, als ob sie etwas Ausgedehntes wäre. Und nicht nur, dass wir dasselbe Wort gebrauchen, sondern ob wir an eine größere Intensität oder an eine größere Ausdehnung denken, wir erleben in beiden Fällen einen analogen Eindruck; die Begriffe "größer" und "weniger" rufen in beiden Fällen dieselbe Vorstellung hervor. Wenn wir uns nun fragen, worin diese Vorstellung besteht, bietet uns unser Bewusstsein immer noch das Bild eines Behälters und eines Enthaltenen. Wir stellen uns z. B. eine größere Intensität der Anstrengung als eine größere Länge eines aufgerollten Fadens vor oder als eine Feder, die beim Abrollen einen größeren Raum einnehmen wird. In der Idee der Intensität und sogar in dem Wort, das sie ausdrückt, finden wir das Bild einer gegenwärtigen Kontraktion und folglich einer zukünftigen Expansion, das Bild von etwas, das sich praktisch ausdehnt, und, wenn wir so sagen dürfen, von einem komprimierten Raum. Man glaubt also, dass wir das Intensive in das Extensive übersetzen und dass wir zwei Intensitäten vergleichen oder zumindest den Vergleich durch die verwirrte Intuition einer Beziehung zwischen zwei Extensionen ausdrücken. Aber gerade die Art dieses Vorgangs ist schwer zu bestimmen.

Die Lösung, die sich dem Verstand unmittelbar aufdrängt, sobald er diesen Weg beschritten hat, besteht darin, die Intensität einer Empfindung oder eines wie auch immer gearteten Zustandes des Ichs durch die Anzahl und Größe der objektiven und damit messbaren Ursachen zu definieren, die sie hervorgerufen haben. Zweifellos ist eine intensivere Lichtempfindung diejenige, die durch eine größere Anzahl von Lichtquellen erzielt wurde oder erzielt werden kann, vorausgesetzt, sie

Versuch, Intensitäten nach objektiven Ursachen zu unterscheiden. Aber wir beurteilen die Intensität, ohne das Ausmaß oder die Art der Ursache zu kennen.

befinden sich in gleicher Entfernung und sind miteinander identisch. Aber in den allermeisten Fällen entscheiden wir über die Intensität der Wirkung, ohne auch nur die Art der Ursache zu kennen, geschweige denn ihre Größe: ja, gerade die Intensität der Wirkung bringt uns oft dazu, eine Hypothese über die Anzahl und die Art der Ursachen zu wagen und damit das Urteil unserer Sinne zu revidieren, die sie zunächst als unbedeutend darstellten. Und es ist sinnlos zu behaupten, dass wir dann den aktuellen Zustand des Ichs mit einem früheren Zustand vergleichen, in dem die Ursache in ihrer Gesamtheit zur gleichen Zeit wahrgenommen wurde, als ihre Wirkung erlebt wurde. Zweifellos verfahren wir in einer ziemlich großen Zahl von Fällen so; aber wir können dann nicht die Unterschiede in der Intensität erklären, die wir zwischen tiefsitzenden psychischen Phänomenen erkennen, deren Ursache in uns selbst und nicht außerhalb liegt. Andererseits sind wir nie so kühn, die Intensität eines psychischen Zustands zu beurteilen, als wenn der subjektive Aspekt des Phänomens der einzige ist, der uns auffällt, oder wenn die äußere Ursache, auf die wir es beziehen, nicht leicht zu messen ist.

So scheint es offensichtlich, dass wir beim Ziehen eines Zahns einen stärkeren Schmerz empfinden als beim Ziehen eines Haars; der Künstler weiß ohne jeden Zweifel, dass ihm das Bild eines Meisters mehr Freude bereitet als das Schild eines Ladens; und es ist nicht die geringste Notwendigkeit, jemals etwas von Kohäsionskräften gehört zu haben, um zu behaupten, dass wir beim Biegen einer Stahlklinge weniger Kraft aufwenden als beim Biegen einer Eisenstange. So wird der Vergleich zweier Intensitäten gewöhnlich ohne die geringste Würdigung der Anzahl der Ursachen, ihrer Wirkungsweise oder ihres Ausmaßes vorgenommen.

Es gibt zwar noch Raum für eine Hypothese derselben Art, die aber subtiler ist. Wir wissen, dass die mechanischen und insbesondere die kinetischen Theorien darauf abzielen, die sichtbaren und fühlbaren Eigenschaften von Körpern durch *genau* definierte Bewegungen ihrer letzten Teile zu erklären, und viele von

> Versuch, Intensitäten durch atomare Bewegungen zu unterscheiden. Aber es ist die Empfindung, die im Bewusstsein gegeben ist, und nicht die Bewegung.

uns sehen die Zeit voraus, in der die intensiven Unterschiede der Qualitäten, d.h. unserer Empfindungen, auf weitreichende Unterschiede zwischen den dahinter stattfindenden Veränderungen reduziert werden. Darf man nicht behaupten, dass wir, ohne diese Theorien zu kennen, eine vage Ahnung davon haben, dass wir hinter dem intensiveren Klang das Vorhandensein von verstärkten Schwingungen vermuten, die sich in dem gestörten Medium ausbreiten, und dass wir unter Bezugnahme auf diese mathematische Beziehung, die an sich präzise ist, wenn auch verworren wahrgenommen, die höhere Intensität eines bestimmten Klangs behaupten? Könnte man, ohne so weit zu gehen, nicht sagen, dass jeder Bewusstseinszustand einer bestimmten Störung der Moleküle und Atome der zerebralen Substanz entspricht, und dass die Intensität einer Empfindung die Amplitude, die Kompliziertheit oder das Ausmaß dieser Molekularbewegungen misst? Diese letzte Hypothese ist mindestens ebenso wahrscheinlich wie die andere, aber sie löst das Problem nicht mehr. Denn es ist durchaus möglich, dass die Intensität einer Empfindung von einer mehr oder weniger großen Arbeit zeugt, die in unserem Organismus geleistet wird; aber es ist die Empfindung, die uns im Bewusstsein gegeben wird, und nicht diese mechanische Arbeit. In der Tat ist es die Intensität der Empfindung, nach der wir das Mehr oder Weniger der geleisteten Arbeit beurteilen: die Intensität bleibt also, zumindest scheinbar, eine Eigenschaft der Empfindung. Und dennoch stellt sich dieselbe Frage: Warum sagen wir von einer höheren Intensität, dass sie größer ist? Warum denken wir an eine größere Menge oder einen größeren Raum?

Vielleicht liegt die Schwierigkeit des Problems vor allem darin, dass wir Intensitäten, die ihrer Natur nach sehr unterschiedlich sind, z.B. die Intensität eines Gefühls und die einer Empfindung oder einer Anstrengung, mit demselben Namen bezeichnen und uns auf dieselbe Weise vorstellen.

Die Anstrengung wird von einer muskulären Empfindung begleitet, und die Empfindungen selbst sind mit bestimmten körperlichen Zuständen verbunden, die

[Sidenote: Verschiedene Arten von Intensitäten. (1) tief sitzende psychische Zustände (2) muskuläre Anstrengung. Die Intensität ist im ersten Fall leichter zu definieren.]

wahrscheinlich bei der Einschätzung ihrer Intensität eine Rolle spielen: Wir haben es hier mit Phänomenen zu tun, die sich an der Oberfläche des Bewusstseins abspielen, und die, wie wir weiter unten sehen werden, immer mit der Wahrnehmung einer Bewegung oder eines äußeren Objekts verbunden sind. Bestimmte Seelenzustände aber scheinen uns, ob zu Recht oder zu Unrecht, selbstgenügsam zu sein, wie etwa eine tiefe Freude oder Trauer, eine reflektierende Leidenschaft oder eine ästhetische Emotion. Die reine Intensität sollte in diesen einfachen Fällen, in denen kein extensives Element involviert zu sein scheint, leichter zu definieren sein . Wir werden nämlich sehen, dass sie hier auf eine bestimmte Qualität oder Schattierung reduziert werden kann, die sich über eine mehr oder weniger große Masse von psychischen Zuständen ausbreitet, oder, wenn man den Ausdruck vorzieht, auf die größere oder kleinere Anzahl von einfachen Zuständen, aus denen die grundlegende Emotion besteht.

So wird zum Beispiel aus einem unklaren Verlangen allmählich eine tiefe Leidenschaft. Sie werden nun sehen, dass die schwache Intensität dieses Verlangens zunächst darin bestand, dass es isoliert und gleichsam fremd gegenüber dem Rest Ihres Innenlebens erschien. Aber nach und nach durchdringt es eine größere Anzahl psychischer Elemente und färbt sie sozusagen mit seiner eigenen Farbe: und siehe da, deine Sichtweise auf deine gesamte Umgebung scheint sich nun radikal verändert zu haben. Wie kann man sich einer tiefen Leidenschaft bewusst werden, wenn sie einen einmal ergriffen hat, wenn nicht dadurch, dass man feststellt, dass dieselben Gegenstände einen nicht mehr auf dieselbe Weise beeindrucken? Alle Empfindungen und alle Gedanken scheinen sich zu erhellen: Es ist, als ob man die Kindheit wiedererlebt. Etwas Ähnliches erleben wir in bestimmten Träumen, in denen wir uns nichts Außergewöhnliches vorstellen und in denen dennoch ein unbeschreiblicher Ton der Originalität mitschwingt. Je weiter wir in die Tiefen des Bewusstseins vordringen, desto weniger haben wir das Recht, psychische Phänomene als Dinge zu behandeln, die nebeneinander stehen . Wenn man sagt, dass ein Gegenstand einen großen Raum in der

Seele einnimmt oder sie sogar ganz ausfüllt, sollte man darunter nur verstehen, dass sein Bild den Schatten von tausend Wahrnehmungen oder Erinnerungen verändert hat, und dass es in diesem Sinne diese durchdringt, obwohl es selbst nicht in Erscheinung tritt. Aber diese völlig dynamische Betrachtungsweise ist dem reflektierenden Bewusstsein zuwider, denn dieses erfreut sich an klaren Unterscheidungen, die sich leicht in Worten ausdrücken lassen, und an Dingen mit klar umrissenen Konturen, wie denen, die im Raum wahrgenommen werden. Es wird dann annehmen, dass, wenn alles andere identisch bleibt, dieses und jenes Verlangen eine Skala von Größenordnungen hinaufgestiegen ist, als ob es noch zulässig wäre, von Größenordnungen zu sprechen, wo es weder Vielheit noch Raum gibt! Aber so wie das Bewußtsein (wie später gezeigt wird) die zunehmende Zahl von Muskelkontraktionen, die auf der Oberfläche des Körpers stattfinden, auf einen bestimmten Punkt des Organismus konzentriert und sie so in ein einziges Gefühl der Anstrengung von wachsender Intensität umwandelt, so wird es die allmählichen Veränderungen, die in dem verworrenen Haufen koexistierender psychischer Zustände stattfinden, unter der Form eines wachsenden Verlangens hypostasieren. Aber das ist eher eine Veränderung der Qualität als der Größe.

Was die Hoffnung zu einem so intensiven Vergnügen macht, ist die Tatsache, dass die Zukunft, über die wir nach unserem Geschmack verfügen, uns gleichzeitig in einer Vielzahl von Formen erscheint, die gleichermaßen attraktiv und möglich sind. Selbst wenn die begehrteste von ihnen verwirklicht wird, müssen wir auf die anderen verzichten, und wir haben viel verloren. Die Idee der Zukunft, die mit einer Unzahl von Möglichkeiten behaftet ist, ist also fruchtbarer als die Zukunft selbst, und deshalb finden wir in der Hoffnung mehr Reiz als im Besitz, im Traum mehr als in der Wirklichkeit.

Versuchen wir, das Wesen einer zunehmenden Intensität der Freude oder des Kummers in den Ausnahmefällen zu entdecken, in denen kein körperliches Symptom auftritt. Weder die innere Freude noch die

Die Emotionen der Freude und des Kummers. Ihre aufeinanderfolgenden Stadien entsprechen den qualitativen Veränderungen in der Gesamtheit unserer psychischen Zustände.

Leidenschaft ist ein isolierter innerer Zustand, der zunächst einen Winkel der Seele einnimmt und sich allmählich ausbreitet. Auf der untersten Ebene gleicht sie einer Hinwendung unserer Bewusstseinszustände zur Zukunft. Dann, als ob ihr Gewicht durch diese Anziehungskraft vermindert würde, folgen unsere Ideen und Empfindungen einander mit größerer Schnelligkeit; unsere Bewegungen kosten uns nicht mehr dieselbe Anstrengung. Schließlich, in Fällen extremer Freude, werden unsere Wahrnehmungen und Erinnerungen von einer undefinierbaren Qualität gefärbt, wie von einer Art Wärme oder Licht, die so neuartig ist, dass wir uns zuweilen, wenn wir unser eigenes Ich anstarren, fragen, wie es wirklich existieren kann. So gibt es mehrere charakteristische Formen rein innerer Freude, die alle aufeinanderfolgende Stufen sind, die qualitativen Veränderungen in der Gesamtheit unserer psychischen Zustände entsprechen. Aber die Anzahl der Zustände, die mit jeder dieser Veränderungen verbunden sind, ist mehr oder weniger beträchtlich, und ohne sie explizit zu zählen, wissen wir sehr gut, ob zum Beispiel unsere Freude alle Eindrücke durchdringt, die wir im Laufe des Tages erhalten, oder ob einige ihrem Einfluss entgehen. Wir stellen also in dem Intervall, das zwei aufeinanderfolgende Formen der Freude trennt, Trennungspunkte auf, und dieser allmähliche Übergang von der einen zur anderen lässt sie ihrerseits als verschiedene Intensitäten ein und desselben Gefühls erscheinen, das auf diese Weise sein Ausmaß verändern soll.

Es ließe sich leicht zeigen, dass auch die verschiedenen Grade des Kummers qualitativen Veränderungen entsprechen. Der Kummer beginnt damit, dass er nichts anderes ist als eine Hinwendung zur Vergangenheit, eine Verarmung unserer Empfindungen und Vorstellungen, als ob jede von ihnen jetzt ganz in dem Wenigen enthalten wäre, das sie von sich gibt, als ob die Zukunft in irgendeiner Weise aufgehalten würde. Und es endet mit dem Eindruck eines erdrückenden Scheiterns, das zur Folge hat, dass wir nach dem Nichts streben, während jedes neue Unglück, das uns die Nutzlosigkeit des Kampfes besser verstehen lässt, uns eine bittere Freude bereitet.

Die ästhetischen Gefühle bieten uns ein noch deutlicheres Beispiel für dieses allmähliche Eintreten neuer Elemente, die sich in der grundlegenden

Emotion bemerkbar machen und die ihre Größe zu erhöhen scheinen, obwohl sie in Wirklichkeit nichts anderes tun, als ihre Natur zu verändern.

Betrachten wir das einfachste von ihnen, das Gefühl der Gnade. Zunächst ist es nur die Wahrnehmung einer gewissen Leichtigkeit, einer gewissen Leichtigkeit in den äußeren Bewegungen. Und da jene Bewegungen leicht sind, die den Weg für andere vorbereiten, werden wir dazu gebracht, eine höhere Leichtigkeit in den Bewegungen zu finden, die vorausgesehen werden können, in den gegenwärtigen Haltungen, in denen zukünftige Haltungen angedeutet und gleichsam vorhergesagt werden. Wenn ruckartige Bewegungen wenig anmutig sind, so liegt das daran, dass jede von ihnen für sich allein steht und nicht ankündigt, was folgen wird. Wenn Kurven anmutiger sind als gebrochene Linien, so liegt das daran, dass eine gekrümmte Linie in jedem Augenblick ihre Richtung ändert, während jede neue Richtung in der vorangegangenen angezeigt wird. So geht die Wahrnehmung von Leichtigkeit in der Bewegung über in das Vergnügen, den Fluss der Zeit zu beherrschen und die Zukunft in der Gegenwart zu halten. Ein drittes Element kommt hinzu, wenn sich die anmutigen Bewegungen einem Rhythmus unterwerfen und von Musik begleitet werden. Denn Rhythmus und Takt lassen uns die Bewegungen der Tänzerin noch besser vorhersehen und lassen uns glauben, dass wir sie nun kontrollieren. Da wir fast genau erahnen, welche Haltung der Tänzer einnehmen wird, scheint er uns zu gehorchen, wenn er sie tatsächlich einnimmt: Die Regelmäßigkeit des Rhythmus stellt eine Art Kommunikation zwischen ihm und uns her, und die periodischen Wiederholungen des Taktes sind wie viele unsichtbare Fäden, mit denen wir diese imaginäre Marionette in Bewegung setzen. Bleibt sie nämlich einen Augenblick stehen, so kann unsere Hand in ihrer Ungeduld nicht umhin, eine Bewegung zu machen, als wolle sie sie anschieben, als wolle sie sie inmitten dieser Bewegung ersetzen, deren Rhythmus unser Denken und unseren Willen vollständig in Besitz genommen hat . So tritt eine Art körperliche Sympathie in das Gefühl der Anmut ein. Wenn Sie nun den Reiz dieser Sympathie analysieren, werden Sie feststellen, dass sie Ihnen durch ihre Verwandtschaft mit der moralischen Sympathie gefällt, deren Idee sie auf subtile Weise andeutet. Dieses letzte Element, in dem die anderen aufgehen, nachdem sie es gewissermaßen eingeleitet haben, erklärt die unwiderstehliche Anziehungskraft der Gnade. Wir könnten kaum begreifen, warum sie uns so viel Freude bereitet, wenn sie nichts anderes wäre als eine Ersparnis von Anstrengung, wie Spencer behauptet.[1] Die Wahrheit ist jedoch, dass wir uns einbilden, in allem, was wir als anmutig bezeichnen, neben der Leichtigkeit, die ein Zeichen von Beweglichkeit ist, auch eine Andeutung einer möglichen Bewegung zu uns hin, einer virtuellen und sogar aufkeimenden Sympathie zu erkennen. Es ist diese bewegliche Sympathie, die immer bereit ist, sich anzubieten, die gerade das Wesen der höheren Anmut ist. Die zunehmende Intensität des ästhetischen Gefühls löst sich hier also in ebenso viele verschiedene Gefühle auf, von denen jedes, von seinem Vorgänger bereits angekündigt, in ihm spürbar wird und ihn dann völlig in den Schatten stellt. Es ist dieser qualitative Fortschritt, den wir als eine Veränderung der Größenordnung interpretieren, weil wir einfache Gedanken mögen und weil unsere Sprache schlecht geeignet ist, die Feinheiten der psychologischen Analyse wiederzugeben.

Um zu verstehen, wie das Gefühl des Schönen selbst Abstufungen zulässt, müssten wir es einer genauen Analyse unterziehen. Vielleicht ist die Schwierigkeit, die wir bei der Definition haben, zum großen Teil darauf zurückzuführen, dass wir die Schönheiten der Natur als etwas betrachten, das denen der Kunst vorausgeht: die Prozesse der Kunst werden daher nur als Mittel angesehen, mit denen der Künstler das Schöne ausdrückt,

> Das Gefühl der Schönheit: Die Kunst schläfert unsere aktiven und widerständigen Kräfte ein und macht uns empfänglich für Suggestion.

und das Wesen des Schönen bleibt unerklärt. Wir könnten uns jedoch fragen, ob die Natur nicht anders schön ist, als durch das zufällige Zusammentreffen bestimmter Prozesse unserer Kunst, und ob die Kunst nicht in gewissem Sinne der Natur vorausgeht. Ohne so weit zu gehen, scheint es eher den Regeln einer gesunden Methode zu entsprechen, das Schöne zuerst in den Werken zu studieren, in denen es durch bewusste Anstrengung hervorgebracht wurde, und dann in unmerklichen Schritten von der Kunst zur Natur überzugehen, die als Künstlerin in ihrer eigenen Art betrachtet werden kann. Wenn wir uns auf diesen Standpunkt stellen, werden wir erkennen, dass das Ziel der Kunst darin besteht, die aktiven oder eher widerständigen Kräfte unserer Persönlichkeit einzuschläfern und uns so in einen Zustand vollkommener Empfänglichkeit zu versetzen, in dem wir die Idee, die uns nahegelegt wird, realisieren und mit dem Gefühl, das ausgedrückt wird, sympathisieren. In den Prozessen der Kunst finden wir in abgeschwächter Form eine verfeinerte und in gewisser Weise vergeistigte Version der Prozesse, die üblicherweise zur Herbeiführung des Hypnosezustandes verwendet werden. So unterbrechen in der Musik Rhythmus und Takt den normalen Fluss unserer Empfindungen und Gedanken, indem sie unsere Aufmerksamkeit zwischen festen Punkten hin- und herpendeln lassen, und sie ergreifen uns mit einer solchen Kraft, dass selbst die leiseste Nachahmung eines Stöhnens ausreicht, um uns mit der größten Traurigkeit zu erfüllen. Wenn musikalische Klänge stärker auf uns einwirken als die Klänge der Natur, so liegt das daran, dass die Natur sich darauf beschränkt, Gefühle *auszudrücken*, während die Musik sie uns *suggeriert*. Woher kommt eigentlich der Reiz der Poesie? Der Dichter ist derjenige, bei dem die Gefühle zu Bildern werden, und die Bilder selbst zu Worten, die sie übersetzen und dabei den Gesetzen des Rhythmus gehorchen. Indem wir diese Bilder vor unseren Augen vorbeiziehen sehen, erleben wir unsererseits das Gefühl, das sozusagen ihr emotionales Äquivalent war: aber wir würden diese Bilder niemals so stark wahrnehmen ohne die regelmäßigen Bewegungen des Rhythmus, durch die unsere Seele in Selbstvergessenheit eingelullt wird und, wie in einem Traum, mit dem Dichter denkt und sieht. Die plastischen Künste erzielen eine ähnliche Wirkung durch die Festigkeit, die sie dem Leben plötzlich auferlegen und die sich wie eine körperliche Ansteckung auf die Aufmerksamkeit des Betrachters überträgt. Während die Werke der antiken Bildhauerei schwache Emotionen ausdrücken, die wie ein vorübergehender Hauch auf ihnen spielen, lässt die blasse Unbeweglichkeit des Steins das ausgedrückte Gefühl oder die soeben begonnene Bewegung so erscheinen, als wären sie für immer fixiert und nähmen unser Denken und unseren Willen in ihrer eigenen Ewigkeit auf. Inmitten dieser verblüffenden Unbeweglichkeit finden wir in der Architektur gewisse Effekte, die denen des Rhythmus entsprechen. Die Symmetrie der Form, die unendliche Wiederholung desselben architektonischen Motivs, lässt unser Wahrnehmungsvermögen zwischen dem Gleichen und dem Gleichen hin- und herpendeln und befreit uns von jenen gewohnten, unaufhörlichen Veränderungen, die uns im gewöhnlichen Leben unaufhörlich zum Bewusstsein unserer Persönlichkeit zurückbringen: Selbst die schwache Andeutung einer Idee wird dann ausreichen, um die Idee unser ganzes Denken erfüllen zu lassen. So zielt die Kunst darauf ab, uns Gefühle einzuprägen, statt sie auszudrücken; sie suggeriert sie uns und verzichtet gern auf die Nachahmung der Natur, wenn sie ein wirksameres Mittel findet. Die Natur geht, wie die Kunst, von der Suggestion aus, verfügt aber nicht über die Mittel des Rhythmus. Sie gleicht diesen Mangel durch eine lange Kameradschaft aus, die auf gemeinsamen Einflüssen der Natur und von uns selbst beruht, was zur Folge hat, dass die geringste Andeutung eines Gefühls durch die Natur in unserem Geist Sympathie hervorruft, so wie eine bloße Geste des Hypnotiseurs ausreicht, um die beabsichtigte Suggestion auf einen an seine Kontrolle gewöhnten Menschen zu übertragen. Und diese Sympathie zeigt sich besonders dann, wenn die Natur uns Wesen mit *normalen* Proportionen zeigt, so dass sich unsere Aufmerksamkeit gleichmäßig auf alle Teile der Figur verteilt, ohne auf einen von ihnen fixiert zu sein: unser Wahrnehmungsvermögen findet sich dann durch diese Harmonie eingelullt und beruhigt, und nichts hindert mehr das freie Spiel der Sympathie, die immer bereit ist, hervorzutreten, sobald das Hindernis auf ihrem Weg beseitigt ist.

Aus dieser Analyse folgt, dass das Gefühl des Schönen kein spezifisches Gefühl ist, sondern dass jedes von uns erlebte Gefühl einen ästhetischen Charakter annimmt, vorausgesetzt, dass es *angeregt* und nicht *verursacht wurde*. Man wird nun verstehen, warum das ästhetische Gefühl uns verschiedene Grade der Intensität, aber auch der Steigerung zuzulassen scheint. Manchmal reißt das

Etappen der ästhetischen Emotion.

angedeutete Gefühl kaum eine Lücke in das kompakte Gefüge der psychischen Phänomene, aus denen unsere Geschichte besteht; manchmal lenkt es unsere Aufmerksamkeit von ihnen ab, aber nicht so, dass wir sie aus den Augen verlieren; manchmal schließlich setzt es sich an ihre Stelle, ergreift uns und nimmt unsere Seele ganz in Beschlag. Es gibt also verschiedene Phasen in der Entwicklung eines ästhetischen Gefühls, wie im Zustand der Hypnose; und diese Phasen entsprechen weniger den Variationen des Grades als den Unterschieden des Zustands oder der Natur. Aber der Wert eines Kunstwerks wird nicht so sehr an der Kraft gemessen, mit der uns das angedeutete Gefühl ergreift, sondern am Reichtum dieses Gefühls selbst: Mit anderen Worten, wir unterscheiden instinktiv neben Intensitätsgraden auch Tiefen- oder Erhebungsgrade. Analysiert man diesen letzten Begriff, so wird man feststellen, dass die Gefühle und Gedanken, die der Künstler uns suggeriert, einen mehr oder weniger großen Teil seiner Geschichte ausdrücken und zusammenfassen. Wenn die Kunst, die nur Empfindungen vermittelt, eine minderwertige Kunst ist, so liegt das daran, dass die Analyse oft nicht in der Lage ist, in einer Empfindung etwas zu entdecken, was über die Empfindung selbst hinausgeht. Aber die meisten Emotionen sind Instinkte mit tausend Empfindungen, Gefühlen oder Ideen, die sie durchdringen: jede ist dann ein einzigartiger und undefinierbarer Zustand, und es scheint, dass wir das Leben des Subjekts, das sie erlebt, noch einmal durchleben müssten, wenn wir sie in ihrer ursprünglichen Komplexität erfassen wollten. Doch der Künstler will uns an diesem so reichen, so persönlichen, so neuartigen Gefühl teilhaben lassen und uns das erleben lassen, was er uns nicht verstehen lassen kann. Dies wird er erreichen, indem er unter den äußeren Zeichen seiner Emotionen diejenigen auswählt, die unser Körper, sobald er sie wahrnimmt, mechanisch, wenn auch nur leicht, nachahmt, um uns sofort in den undefinierbaren psychologischen Zustand zu versetzen, der sie hervorgerufen hat. Auf diese Weise wird die Schranke, die Zeit und Raum zwischen seinem Bewusstsein und dem unseren errichtet haben, niedergerissen; und je reicher an Ideen und je schwangerer mit Empfindungen und Emotionen das Gefühl ist, in dessen Grenzen uns der

Künstler gebracht hat, desto tiefer und höher werden wir die so ausgedrückte Schönheit finden. Die aufeinanderfolgenden Intensitäten des ästhetischen Gefühls entsprechen also den in uns auftretenden Zustandsveränderungen, und die Tiefengrade der größeren oder kleineren Anzahl elementarer psychischer Phänomene, die wir in der grundlegenden Emotion schwach wahrnehmen.

Die moralischen Gefühle können auf dieselbe Weise untersucht werden. Nehmen wir das Mitleid als Beispiel. Es besteht in erster Linie darin, sich gedanklich in die Lage der anderen zu versetzen, ihren Schmerz zu erleiden. Wäre es aber nichts weiter, wie manche behaupten, würde es uns auf die Idee bringen, die Elenden zu meiden, anstatt ihnen zu helfen, denn Schmerz ist uns

von Natur aus zuwider. Dieses Gefühl des Entsetzens mag in der Tat die Wurzel des Mitleids sein; aber bald kommt ein neues Element hinzu, nämlich das Bedürfnis, unseren Mitmenschen zu helfen und ihre Leiden zu lindern. Soll man mit La Rochefoucauld sagen, dass dieses so genannte Mitleid ein Kalkül ist, "eine kluge Versicherung gegen künftige Übel"? Vielleicht hat die Furcht vor einem zukünftigen Übel für uns selbst einen Platz in unserem Mitgefühl für das Übel anderer Menschen. Dies sind jedoch nur niedere Formen des Mitleids. Wahres Mitleid besteht nicht so sehr in der Furcht vor dem Leiden als vielmehr im Wunsch danach. Es ist ein schwaches Verlangen, das wir kaum verwirklicht sehen wollen; dennoch bilden wir es gegen uns selbst, als ob die Natur eine große Ungerechtigkeit beginge und es notwendig wäre, jeden Verdacht der Mitschuld an ihr loszuwerden. Die Essenz des Mitleids ist also ein Bedürfnis nach Selbsterniedrigung, ein Streben nach unten. Dieses schmerzhafte Streben hat jedoch einen Reiz, denn es hebt uns in unserer eigenen Wertschätzung und gibt uns das Gefühl, jenen sinnlichen Gütern überlegen zu sein, von denen unser Denken vorübergehend losgelöst ist. Die zunehmende Intensität des Mitleids besteht also in einem qualitativen Fortschritt, in einem Übergang von der Abscheu zur Angst, von der Angst zum Mitleid und vom Mitleid selbst zur Demut.

Wir haben nicht vor, diese Analyse weiterzuführen. Die psychischen Zustände, deren Intensität wir gerade definiert haben, sind tief sitzende Zustände, die keine enge Beziehung zu ihrer äußeren Ursache zu haben scheinen oder die Wahrnehmung einer Muskelkontraktion beinhalten. Aber solche Zustände sind selten. Es gibt kaum eine Leidenschaft oder ein Verlangen,

> Bewusst-seinszustände, die mit äuße-ren Ursachen verbunden sind oder psychi-sche Sympto-me beinhalten.

eine Freude oder einen Kummer, die nicht von körperlichen Symptomen begleitet werden; und wenn diese Symptome auftreten, sind sie bei der Einschätzung der Intensität wahrscheinlich nicht ganz unwichtig. Was die Empfindungen im eigentlichen Sinne betrifft, so sind sie offenkundig mit ihrer äußeren Ursache verbunden, und obwohl die Intensität der Empfindung nicht durch die Größe ihrer Ursache definiert werden kann, besteht zweifellos eine gewisse Beziehung zwischen diesen beiden Begriffen. In einigen seiner Erscheinungsformen scheint sich das Bewusstsein sogar nach außen hin auszubreiten, als ob sich die Intensität zu einer Dehnbarkeit entwickeln würde, z. B. bei der Muskelanstrengung. Sehen wir uns dieses letzte Phänomen gleich an: Wir werden so mit einem Schlag zum entgegengesetzten Ende der Reihe der psychischen Phänomene geführt werden.

Wenn es ein Phänomen gibt, das sich dem Bewusstsein unmittelbar in Form von Quantität oder zumindest von Größe zu präsentieren scheint, dann ist es zweifellos die Muskelarbeit. Wir stellen uns eine psychische Kraft vor, die in der Seele gefangen ist wie der

> Der Muske-laufwand scheint auf den ersten Blick quantitativ zu sein.

Wind in der Höhle des Äolus und nur auf eine Gelegenheit wartet, um hervorzubrechen: Unser Wille soll über diese Kraft wachen und ihr von Zeit zu Zeit einen Durchgang öffnen, indem er den Ausfluss durch die gewünschte Wirkung reguliert. Wenn wir die Sache sorgfältig betrachten, werden wir sehen, dass diese etwas grobe Vorstellung von Anstrengung eine große Rolle bei unserem Glauben an intensive Größen spielt. Die Muskelkraft, deren Wirkungskreis der Raum ist und die sich in messbaren Phänomenen manifestiert, scheint uns schon vor ihren Manifestationen existiert zu haben, aber in einem kleineren Volumen und sozusagen in einem komprimierten Zustand: daher zögern wir nicht, dieses Volumen immer mehr zu reduzieren, und schließlich glauben wir zu verstehen, wie ein rein psychischer Zustand, der keinen Raum einnimmt, dennoch eine Größe besitzen kann. Auch die Wissenschaft neigt dazu, die Illusion des gesunden Menschenverstands in diesem Punkt zu verstärken. Bain zum Beispiel erklärt, dass "die Sensibilität, die die Muskelbewegung begleitet, mit dem *ausgehenden* Strom der Nervenenergie übereinstimmt".[2] es ist also gerade die Emission der Nervenkraft, die das Bewusstsein wahrnimmt. Auch Wundt spricht von einer zentralen Empfindung, die die willkürliche Innervation der Muskeln begleitet, und zitiert das Beispiel des Gelähmten, "der eine sehr deutliche Empfindung der Kraft hat, die er aufwendet, um sein Bein zu heben, obwohl es unbeweglich bleibt."[3] Die meisten Autoritäten von schließen sich dieser Meinung an, die auch die einhellige Meinung der positiven Wissenschaft wäre, wenn nicht vor einigen Jahren Professor William James die Aufmerksamkeit der Physiologen auf bestimmte Phänomene gelenkt hätte, die bisher nur wenig beachtet wurden, obwohl sie sehr bemerkenswert sind.

Wenn ein Gelähmter sich bemüht, seine nutzlose Gliedmaße aufzurichten, führt er sicherlich nicht diese Bewegung aus, sondern, mit oder ohne seinen Willen, eine andere. Irgendeine Bewegung wird irgendwo ausgeführt: sonst gibt es kein Gefühl der Anstrengung.[4] Vulpian hatte bereits darauf aufmerksam gemacht, dass ein halbseitig gelähmter Mensch, wenn man ihm sagt, er solle seine gelähmte Faust ballen, diese Handlung unbewusst mit der nicht betroffenen Faust ausführt. Ferrier beschrieb ein noch merkwürdigeres Phänomen.[5] Strecken Sie den Arm aus und beugen Sie dabei leicht den Zeigefinger, als ob Sie den Abzug einer Pistole drücken wollten; ohne den Finger zu bewegen, ohne einen Muskel der Hand anzuspannen, ohne eine sichtbare Bewegung auszuführen, werden Sie dennoch spüren können, dass Sie Energie aufwenden. Bei näherer

Betrachtung werden Sie jedoch feststellen, dass dieses Gefühl der Anstrengung mit der Fixierung der Brustmuskeln zusammenfällt, dass Sie Ihre Stimmritze geschlossen halten und Ihre Atemmuskeln aktiv anspannen. Sobald die Atmung wieder ihren normalen Lauf nimmt, verschwindet das Bewusstsein der Anstrengung, es sei denn, Sie bewegen wirklich den Finger. Diese Tatsachen schienen bereits zu zeigen, dass wir uns nicht eines Kraftaufwandes bewusst sind, sondern der Bewegung der Muskeln, die daraus resultiert. Das Neue an der Untersuchung von Professor James ist, dass er die Hypothese anhand von Beispielen verifiziert hat, die ihr absolut zu widersprechen schienen. So versucht der Patient, wenn der äußere Rektusmuskel des rechten Auges gelähmt ist, vergeblich, sein Auge nach rechts zu wenden; dennoch scheinen ihm die Gegenstände nach rechts zu entschwinden, und da der Willensakt keine Wirkung hervorgerufen hat, folgt daraus, so Helmholtz,[6] dass er sich der Anstrengung des Willens bewusst ist. Aber, erwidert Professor James, es wurde nicht berücksichtigt, was im anderen Auge vor sich geht. Dieses bleibt bei den Experimenten verdeckt; dennoch bewegt es sich, und es ist nicht schwer zu beweisen, dass es sich bewegt. Es ist die vom Bewusstsein wahrgenommene Bewegung des linken Auges, die das Gefühl der Anstrengung hervorruft, zusammen mit dem Eindruck, dass die vom rechten Auge wahrgenommenen Objekte sich bewegen. Diese und ähnliche Beobachtungen veranlassen Professor James zu der Aussage, dass das Gefühl der Anstrengung zentripetal und nicht zentrifugal ist. Wir sind uns nicht einer Kraft bewusst, die wir auf unseren Organismus ausüben sollen: Unser Gefühl von Muskelenergie bei der Arbeit "ist eine komplexe afferente Empfindung, die von kontrahierten Muskeln, gedehnten Bändern, zusammengedrückten Gelenken, einem unbewegten Brustkorb, einer geschlossenen Stimmritze, einer zusammengezogenen Stirn, zusammengepressten Kiefern" kommt, mit einem Wort, von allen Punkten der Peripherie, wo die Anstrengung eine Veränderung verursacht.

Es steht uns nicht zu, in diesem Streit Partei zu ergreifen. Denn die Frage, mit der wir uns zu befassen haben, ist nicht, ob das Gefühl der Anstrengung aus dem Zentrum oder aus der Peripherie kommt, sondern worin unsere Wahrnehmung seiner Intensität genau besteht.

Nun, es genügt, sich selbst aufmerksam zu beobachten, um in diesem Punkt zu einer Schlussfolgerung zu gelangen, die Professor James nicht formuliert hat, die uns aber ganz im Einklang mit dem Geist seiner Lehre erscheint. Wir behaupten, dass je stärker eine bestimmte Anstrengung zu sein scheint, desto größer ist die Anzahl der Muskeln, die sich in Übereinstimmung mit ihr zusammenziehen, und dass das scheinbare Bewusstsein einer größeren Intensität der Anstrengung an einem bestimmten Punkt des Organismus in Wirklichkeit auf die Wahrnehmung einer größeren Fläche des Körpers, die betroffen ist, reduziert werden kann.

> Die Intensität des Gefühls der Anstrengung ist proportional zum Umfang des betroffenen Körpers.

Versuchen Sie z.B., die Faust mit zunehmender Kraft zu ballen. Sie werden den Eindruck haben, dass die Empfindung der Anstrengung vollständig in Ihrer Hand lokalisiert ist und eine Skala von Größenordnungen aufsteigt. In Wirklichkeit bleibt das, was Sie in Ihrer Hand erleben , gleich, aber die Empfindung, die zuerst dort lokalisiert war, hat sich auf Ihren Arm ausgewirkt und ist bis zur Schulter aufgestiegen; schließlich versteift sich der andere Arm, beide Beine tun dasselbe, die Atmung wird gebremst; es ist der ganze Körper, der am Werk ist. Aber Sie bemerken all diese begleitenden Bewegungen nicht deutlich, es sei denn, Sie werden darauf aufmerksam gemacht: Bis dahin dachten Sie, es handele sich um einen einzigen Bewusstseinszustand, der sich in seinem Ausmaß verändert. Wenn du deine Lippen immer fester aufeinander presst, glaubst du, dass du in deinen Lippen ein und dieselbe Empfindung erlebst, die ständig an Stärke zunimmt: auch hier wird dir eine weitere Überlegung zeigen, dass diese Empfindung identisch bleibt, aber dass bestimmte Muskeln des Gesichts und des Kopfes und dann des ganzen übrigen Körpers an der Operation

> Unser Bewusstsein für eine Zunahme der Muskelanstrengung besteht in der Wahrnehmung (1) einer größeren Anzahl von peripheren Empfindungen (2) einer qualitativen Veränderung einiger dieser Empfindungen.

teilgenommen haben. Ihr habt dieses allmähliche Eindringen, diese Vergrößerung der betroffenen Fläche gespürt, die in Wahrheit eine Veränderung der Quantität ist; aber da eure Aufmerksamkeit auf eure geschlossenen Lippen gerichtet war, habt ihr die Vergrößerung dort lokalisiert und die dort aufgewendete psychische Kraft zu einer Größe gemacht, obwohl sie keine Ausdehnung besaß. Betrachten Sie jemanden, der immer schwerere Gewichte hebt, genau: Die Muskelkontraktion breitet sich allmählich über den ganzen Körper aus. Die besondere Empfindung, die er im arbeitenden Arm erfährt, bleibt sehr lange konstant und ändert sich kaum, außer in der Qualität , wobei das Gewicht in einem bestimmten Moment zur Ermüdung und die Ermüdung zum Schmerz wird. Dennoch wird sich der Proband einbilden, dass er sich einer ständigen Zunahme der psychischen Kraft, die in seinen Arm fließt, bewusst ist. Er wird seinen Irrtum nicht erkennen, wenn er nicht gewarnt wird, so sehr ist er geneigt, einen bestimmten psychischen Zustand an den bewussten Bewegungen zu messen, die ihn begleiten! Aus diesen Tatsachen und aus vielen anderen derselben Art glauben wir die folgende Schlussfolgerung ziehen zu können: Unser Bewusstsein einer Zunahme der Muskelanstrengung ist auf die zweifache Wahrnehmung einer größeren Anzahl von peripheren Empfindungen und einer qualitativen Veränderung einiger dieser Empfindungen zurückzuführen.

Wir werden also dazu verleitet, die Intensität einer oberflächlichen Anstrengung auf die gleiche Weise zu definieren wie die eines Falles: Es gibt einen qualitativen Fortschritt und eine zunehmende Komplexität, die nur undeutlich wahrgenommen wird. Aber das Bewusstsein, das gewohnt ist, in räumlichen Begriffen zu denken und seine Gedanken in Worte zu fassen, wird das Gefühl mit einem einzigen Wort bezeichnen und die Anstrengung genau an dem Punkt lokalisieren, an dem sie ein nützliches Ergebnis hervorbringt: Es wird sich dann einer Anstrengung bewusst, die immer von derselben Art ist und an der ihr zugewiesenen Stelle zunimmt, und eines Gefühls, das unter Beibehaltung desselben Namens

> Die gleiche Definition von Intensität gilt für oberflächliche Bemühungen, tief sitzende Gefühle und Zustände, die zwischen diesen beiden liegen.

wächst, ohne seine Art zu verändern. Dieselbe Bewusstseins-Täuschung kann nun auch bei den Zuständen auftreten, die zwischen den oberflächlichen Anstrengungen und den tiefsitzenden Gefühlen liegen. Eine große Anzahl psychischer Zustände wird nämlich von Muskelkontraktionen und peripheren Empfindungen begleitet. Manchmal werden diese oberflächlichen Elemente durch eine rein spekulative Idee koordiniert, manchmal durch eine Idee praktischer Art. Im ersten Fall handelt es sich um intellektuelle Anstrengung oder Aufmerksamkeit, im zweiten um Emotionen, die man als heftig oder akut bezeichnen kann: Zorn, Schrecken und bestimmte Arten von Freude, Trauer, Leidenschaft und Verlangen. Wir wollen kurz zeigen, dass die gleiche Definition der Intensität auch für diese Zwischenzustände gilt.

Die Aufmerksamkeit ist kein rein physiologisches Phänomen, aber wir können nicht leugnen, dass sie von Bewegungen begleitet wird. Diese Bewegungen sind weder die Ursache noch das Ergebnis des Phänomens; sie sind Teil davon, sie drücken es räumlich aus, wie Ribot so bemerkenswert bewiesen hat.[7] Fechner hatte bereits die Anstrengung der Aufmerksamkeit in einem Sinnesorgan auf die muskuläre Empfindung reduziert, "die dadurch entsteht, dass die Muskeln, die mit den verschiedenen Sinnesorganen korreliert sind, durch eine Art Reflexwirkung in Bewegung gesetzt werden". Er hatte die sehr ausgeprägte Empfindung der Spannung und des Zusammenziehens der Kopfhaut bemerkt, den Druck von außen nach innen über den ganzen Schädel, den wir erleben, wenn wir uns sehr anstrengen, um uns an etwas zu erinnern. Ribot hat die Bewegungen, die für die willentliche Aufmerksamkeit charakteristisch sind, genauer untersucht. "Die Aufmerksamkeit zieht den Stirnmuskel zusammen: dieser Muskel ... zieht die Augenbraue zu sich, hebt sie an und verursacht Querfalten auf der Stirn.... In extremen Fällen wird der Mund weit geöffnet. Bei Kindern und vielen Erwachsenen führt eifrige Aufmerksamkeit zu einem Hervortreten der Lippen, einer Art Schmollmund." Gewiss, ein rein psychischer Faktor wird immer in die freiwillige Aufmerksamkeit einfließen, auch wenn es sich dabei nur um den Ausschluss aller Ideen durch den Willen handelt, die mit der Idee, mit der sich das Subjekt beschäftigen möchte, nichts zu tun haben. Aber wenn dieser Ausschluss erfolgt ist, glauben wir, dass wir uns immer noch einer wachsenden seelischen Spannung bewusst sind, einer immateriellen Anstrengung, die zunimmt. Analysiert man diesen Eindruck, so findet man nichts anderes als das Gefühl einer Muskelkontraktion, die sich auf einer größeren Fläche ausbreitet oder ihre Natur verändert, so dass die Spannung zu Druck, Müdigkeit und Schmerz wird.

Nun, wir sehen keinen wesentlichen Unterschied zwischen der Anstrengung der Aufmerksamkeit und dem, was man die Anstrengung der psychischen Spannung nennen könnte: akutes Verlangen, unkontrollierte Wut, leidenschaftliche Liebe, heftiger Hass. Jeder dieser Zustände lässt sich, so glauben wir, auf ein System von Muskelkontraktionen reduzieren, die durch eine Idee koordiniert werden; aber im Falle der Aufmerksamkeit ist es die mehr oder weniger reflektierte Idee des Wissens, im Falle der Emotion die unreflektierte Idee des Handelns. Die Intensität dieser heftigen Emotionen ist daher wahrscheinlich nichts anderes als die Muskelspannung, die sie begleitet. Darwin hat eine bemerkenswerte Beschreibung der physiologischen Symptome der Wut gegeben. "Die Tätigkeit des Herzens ist stark beschleunigt .... Das Gesicht rötet sich oder kann totenblass werden. Die Atmung ist erschwert, der Brustkorb hebt sich, und die geweiteten Nasenlöcher beben. Oft zittert der ganze Körper. Die Stimme ist beeinträchtigt. Die Zähne werden zusammengebissen oder aufeinander gepresst, und die Muskulatur wird häufig zu heftigen, fast rasenden Aktionen angeregt. Die Gesten ... stellen mehr oder weniger deutlich den Akt des Schlagens oder des Kampfes mit einem Feind dar."[8] Wir werden nicht so weit gehen, wie Professor James zu behaupten,[9] dass die Emotion der Wut auf die Summe dieser organischen Empfindungen reduzierbar ist: Es wird immer ein irreduzibles psychisches Element in der Wut geben, und sei es nur die Idee des Schlagens oder Kämpfens, von der Darwin spricht und die so vielen verschiedenen Bewegungen eine gemeinsame Richtung gibt. Aber obwohl diese Idee die Richtung des emotionalen Zustandes und der begleitenden

> Die Intensität von gewalttätigen Emotionen als Muskelspannung.

Bewegungen bestimmt, ist die wachsende Intensität des Zustandes selbst, wie wir glauben, nichts anderes als die immer tiefer gehende Störung des Organismus, eine Störung, die das Bewusstsein ohne Schwierigkeiten an der Anzahl und dem Ausmaß der betroffenen Körperflächen messen kann. Es ist müßig zu behaupten, daß es eine verhaltene Wut gibt, die um so intensiver ist. Der Grund dafür ist, dass das Bewusstsein dort, wo die Emotionen ein freies Spiel haben, nicht auf die Einzelheiten der begleitenden Bewegungen achtet, aber es achtet auf sie und ist auf sie konzentriert, wenn es darum geht, sie zu verbergen. Beseitigen Sie also jede Spur einer organischen Störung, jede Tendenz zur Muskelkontraktion, und alles, was von der Wut übrig bleibt, ist die Idee, oder, wenn Sie immer noch darauf bestehen, sie zu einer Emotion zu machen, werden Sie nicht in der Lage sein, ihr irgendeine Intensität zuzuordnen.

"Angst, wenn sie stark ist", sagt Herbert Spencer, "äußert sich in Schreien, in Fluchtversuchen, in Herzklopfen, in Zittern."[10] Wir gehen noch weiter und behaupten, dass diese Bewegungen Teil des Schreckens selbst sind: Durch sie wird der Schrecken zu einer Emotion, die verschiedene Intensitätsgrade durchlaufen kann. Unterdrückt man sie ganz, so wird der mehr oder weniger intensive Zustand des Schreckens von einer Idee des Schreckens abgelöst, der rein intellektuellen Vorstellung einer Gefahr, die es zu vermeiden gilt. Es gibt auch hohe Grade der Freude und des Kummers, des Verlangens, der Abneigung und sogar der Scham, deren Höhepunkt nichts anderes als die vom Organismus ausgelösten und vom Bewusstsein wahrgenommenen Reflexbewegungen sind. "Wenn sich Liebende treffen", sagt Darwin, "wissen wir, dass ihre Herzen schnell schlagen, ihr Atem beschleunigt ist und ihre Gesichter erröten."[11] Abneigung ist gekennzeichnet durch Bewegungen der Abneigung, die wir unbewusst wiederholen, wenn wir an das Objekt unserer Abneigung denken. Wir erröten und krampfen unwillkürlich die Finger zusammen, wenn wir Scham empfinden, auch wenn es sich um eine nachträgliche Scham handelt. Die Schärfe dieser Emotionen wird durch die Anzahl und die Art der peripheren Empfindungen, die sie begleiten, bestimmt. Nach und nach und in dem Maße, in dem der Gefühlszustand seine Heftigkeit verliert und an Tiefe gewinnt, werden die peripheren Empfindungen inneren Zuständen Platz machen; es werden nicht mehr unsere äußeren Bewegungen sein, sondern unsere Ideen, unsere Erinnerungen, unsere Bewusstseinszustände jeder Art, die sich in größerer oder kleinerer Zahl in eine bestimmte Richtung wenden. Es besteht also vom Standpunkt der Intensität her kein wesentlicher Unterschied zwischen den tiefsitzenden Gefühlen, von denen wir am Anfang sprachen, und den akuten oder heftigen Emotionen, die wir soeben Revue passieren ließen. Zu sagen, dass die Liebe, der Hass, das Verlangen an Heftigkeit zunehmen, bedeutet zu behaupten, dass sie nach außen projiziert werden, dass sie an die Oberfläche ausstrahlen, dass periphere Empfindungen an die Stelle innerer Zustände treten: aber oberflächlich oder tiefsitzend, heftig oder nachdenklich, die Intensität dieser Gefühle besteht immer in der Vielfalt der einfachen Zustände, die das Bewusstsein in ihnen schwach wahrnimmt.

Bislang haben wir uns auf Gefühle und Anstrengungen beschränkt, komplexe Zustände, deren Intensität nicht unbedingt von einer äußeren Ursache abhängt. Aber die Empfindungen erscheinen uns als einfache Zustände: Worin wird ihre Größe bestehen? Die Intensität der Empfindungen variiert mit der äußeren Ursache, deren bewusstes Äquivalent sie sein sollen: Wie soll man das Vorhandensein einer Quantität in einer Wirkung erklären, die nicht ausgedehnt und in diesem Fall unteilbar ist? Um diese Frage zu beantworten, müssen wir zunächst zwischen den sogenannten affektiven und den repräsentativen Empfindungen unterscheiden. Es besteht kein Zweifel daran, dass wir allmählich von der einen zur anderen übergehen und dass ein gewisses affektives Element in die meisten unserer einfachen Vorstellungen eintritt. Aber nichts hindert uns daran, dieses Element zu isolieren und gesondert zu fragen: Worin besteht die Intensität einer affektiven Empfindung, einer Lust oder eines Schmerzes?

Vielleicht ist die Schwierigkeit des letztgenannten Problems vor allem darauf zurückzuführen, dass wir nicht bereit sind, im affektiven Zustand etwas anderes zu sehen als den bewussten Ausdruck einer organischen Störung,

das innere Echo einer äußeren Ursache. Wir bemerken, dass eine intensivere Empfindung im Allgemeinen einer größeren nervösen Störung entspricht; aber da diese Störungen als Bewegungen unbewusst sind, da sie in Form einer Empfindung vor das Bewusstsein treten, die überhaupt keine Ähnlichkeit mit einer Bewegung hat, sehen wir nicht, wie sie der Empfindung etwas von ihrer eigenen Größe vermitteln könnten. Denn es gibt nichts Gemeinsames, wir wiederholen es, zwischen überlagerbaren Größen, wie z.B. Schwingungsgrößen, und Empfindungen, die nicht den Raum einnehmen. Wenn uns die intensivere Empfindung die weniger intensive zu enthalten scheint, wenn sie für uns, wie der körperliche Eindruck selbst, die Form einer Größe annimmt, so liegt das wahrscheinlich daran, dass sie etwas von dem körperlichen Eindruck, dem sie entspricht, beibehält. Und sie behält nichts davon, wenn sie nur die bewusste Übersetzung einer Molekülbewegung ist; denn gerade weil diese Bewegung in die Empfindung von Lust oder Schmerz übersetzt wird, bleibt sie als Molekülbewegung unbewusst.

Aber man könnte sich fragen, ob Lust und Schmerz, statt nur das auszudrücken, was im Organismus gerade geschehen ist oder geschieht, wie man gewöhnlich glaubt, nicht auch auf das hinweisen könnten, was geschehen wird oder zu geschehen droht. Es scheint in der Tat etwas unwahrscheinlich, dass die Natur, die so zutiefst utilitaristisch ist, dem Bewusstsein hier die rein wissenschaftliche Aufgabe zugewiesen hat, uns über die

Vergangenheit oder die Gegenwart zu informieren, die nicht mehr von uns abhängen. Außerdem ist zu bemerken, dass wir über unmerkliche Stufen von den automatischen zu den freien Bewegungen übergehen und dass diese sich von den ersten vor allem dadurch unterscheiden, dass zwischen die äußere Aktion, die sie auslöst, und die darauf folgende willentliche Reaktion eine affektive Empfindung tritt. In der Tat könnten alle unsere Handlungen automatisch gewesen sein, und wir können vermuten, dass es viele organisierte Wesen gibt, bei denen ein äußerer Reiz eine bestimmte Reaktion hervorruft, ohne dass das Bewusstsein als dazwischengeschaltetes Agens aufgerufen wird. Wenn Lust und Schmerz bei bestimmten privilegierten Wesen auftauchen, dann wahrscheinlich, um einen Widerstand gegen die automatische Reaktion hervorzurufen, die stattgefunden hätte: Entweder hat die Empfindung nichts damit zu tun, oder sie ist eine aufkeimende Freiheit. Aber wie könnte sie uns befähigen, der sich anbahnenden Reaktion zu widerstehen, wenn sie uns nicht durch ein bestimmtes Zeichen mit der Natur dieser Reaktion vertraut machen würde? Und was kann dieses Zeichen anderes sein als die Skizzierung und gleichsam die Vorwegnahme der künftigen automatischen Bewegungen mitten in der erlebten Empfindung? Der affektive Zustand muss also nicht nur mit den physischen Störungen, Bewegungen oder Erscheinungen korrespondieren, die stattgefunden haben, sondern auch und vor allem mit denen, die in Vorbereitung sind, die sich anschicken zu sein.

Es ist auf den ersten Blick sicherlich nicht ersichtlich, wie diese Hypothese das Problem vereinfacht. Wir versuchen nämlich herauszufinden, was ein physikalisches Phänomen und ein Bewusstseinszustand größenordnungsmäßig gemeinsam haben können, und wir scheinen die Schwierigkeit lediglich umgedreht zu haben, indem wir den gegenwärtigen Bewusstseinszustand zu einem Zeichen der zukünftigen Reaktion und nicht zu einer psychischen Übersetzung des

> Die Intensität der affektiven Empfindungen wäre dann unser Bewusstsein für die unwillkürlichen Bewegungen, die auf den Reiz folgen.

vergangenen Reizes machen. Aber der Unterschied zwischen den beiden Hypothesen ist beträchtlich. Denn die eben erwähnten molekularen Störungen sind notwendigerweise unbewusst, da keine Spur der Bewegungen selbst in der Empfindung, die sie übersetzt, tatsächlich wahrgenommen werden kann. Aber die automatischen Bewegungen, die dazu neigen, dem Reiz als natürliches Ergebnis zu folgen, sind wahrscheinlich als Bewegungen bewusst: sonst würde die Empfindung selbst, deren Funktion es ist, uns aufzufordern, zwischen dieser automatischen Reaktion und anderen möglichen Bewegungen zu wählen, keinen Nutzen haben. Die Intensität der affektiven Empfindungen könnte also nichts anderes sein als unser Bewusstsein von den unwillkürlichen Bewegungen, die sozusagen innerhalb dieser Zustände begonnen und umrissen werden und die auf ihre eigene Weise verlaufen wären, wenn die Natur uns zu Automaten statt zu bewussten Wesen gemacht hätte.

Wenn das der Fall ist, dann ist ein Schmerz mit zunehmender Intensität nicht mit einem Ton zu vergleichen, der immer lauter wird, sondern mit einer Symphonie, in der immer mehr Instrumente erklingen. Innerhalb der charakteristischen Empfindung, die allen anderen den Ton gibt, unterscheidet das Bewusstsein eine größere oder kleinere Anzahl von Empfindungen, die

an verschiedenen Punkten der Peripherie entstehen, Muskelkontraktionen, organische Bewegungen jeder Art: der Chor dieser elementaren psychischen Zustände bringt die neuen Anforderungen des Organismus zum Ausdruck, wenn er mit einer neuen Situation konfrontiert wird. Mit anderen Worten, wir schätzen die Intensität eines Schmerzes nach dem größeren oder kleineren Teil des Organismus ein, der sich für ihn interessiert. Richet[12] hat beobachtet, dass der Schmerz, je leichter er ist, desto genauer auf eine bestimmte Stelle bezogen ist; wird er intensiver, bezieht er sich auf das gesamte betroffene Glied. Und er schließt mit der Feststellung, dass "der Schmerz sich in dem Maße ausbreitet, wie er intensiver wird".[13] Wir sollten den Satz vielmehr umkehren und die Intensität des Schmerzes durch die Anzahl und das Ausmaß der Teile des Körpers definieren, die mit ihm sympathisieren und reagieren und deren Reaktionen vom Bewusstsein wahrgenommen werden. Um uns davon zu überzeugen, genügt es, die bemerkenswerte Beschreibung des Ekels durch denselben Autor zu lesen: "Wenn der Reiz gering ist, kann es weder zu Übelkeit noch zu Erbrechen kommen.... Ist der Reiz stärker, beschränkt er sich nicht auf den Nervus pneumo-gastricus, sondern breitet sich aus und betrifft fast das gesamte organische System. Das Gesicht wird blass, die glatten Muskeln der Haut ziehen sich zusammen, die Haut ist mit einem kalten Schweiß bedeckt, das Herz hört auf zu schlagen: mit einem Wort, es gibt eine allgemeine organische Störung, die auf die Stimulation der Medulla oblongata folgt, und diese Störung ist der höchste Ausdruck des Ekels."[14] Aber ist sie nichts anderes als ihr Ausdruck? Worin soll die allgemeine Ekelempfindung bestehen, wenn nicht in der Summe dieser elementaren Empfindungen? Und was können wir hier unter zunehmender Intensität verstehen, wenn nicht die ständig wachsende Zahl von Empfindungen , die sich zu den bereits erfahrenen Empfindungen gesellen? Darwin hat ein eindrucksvolles Bild von den Reaktionen auf einen immer stärker werdenden Schmerz gezeichnet. "Großer Schmerz treibt alle Tiere ... zu den heftigsten und vielfältigsten Anstrengungen, um der Ursache des Leidens zu entkommen.... Bei Menschen kann der Mund stark zusammengepresst sein, oder häufiger sind die Lippen eingezogen und die Zähne zusammengebissen oder zusammengeschliffen....

Die Augen starren wild

... oder die Brauen sind stark zusammengezogen.

Der Körper ist schweißgebadet....

Der Kreislauf und die Atmung sind stark beeinträchtigt."[15]

Messen wir nicht gerade an dieser Kontraktion der betroffenen Muskeln die Intensität eines Schmerzes? Analysieren Sie Ihre Vorstellung von einem Leiden, das Sie als extrem bezeichnen: meinen Sie nicht, dass es unerträglich ist, das heißt, dass es den Organismus zu tausend verschiedenen Handlungen antreibt, um ihm zu entkommen? Ich kann mir einen Nerv vorstellen, der einen Schmerz überträgt, der unabhängig von jeder automatischen Reaktion ist; und ich kann auch verstehen, dass stärkere oder schwächere Reize diesen Nerv unterschiedlich beeinflussen. Aber ich sehe nicht, wie diese Empfindungsunterschiede von unserem Bewusstsein als Quantitätsunterschiede interpretiert werden könnten, wenn wir sie nicht mit den Reaktionen verbinden, die sie gewöhnlich begleiten und die mehr oder weniger ausgedehnt und mehr oder weniger wichtig sind. Ohne diese

Folgereaktionen wäre die Intensität des Schmerzes eine Qualität und nicht eine Größe.

Wir haben kaum eine andere Möglichkeit, mehrere Vergnügen miteinander zu vergleichen. Was verstehen wir unter einem größeren Vergnügen, wenn nicht ein Vergnügen, das wir vorziehen? Und was kann unsere Vorliebe anderes sein als eine bestimmte Disposition unserer Organe, die bewirkt, dass unser Körper, wenn unserem Geist zwei Genüsse gleichzeitig angeboten werden, sich zu einem von ihnen neigt? Untersucht man diese Neigung selbst, so findet man viele kleine Bewegungen, die in den betreffenden Organen und sogar im übrigen Körper beginnen und spürbar werden, so als ob der Organismus dem Vergnügen entgegenkäme, sobald man es sich vorstellt. Wenn wir die Neigung als eine Bewegung definieren, ist das keine Metapher. Wenn wir mit mehreren Vergnügungen konfrontiert werden, die sich unser Geist vorstellt, wendet sich unser Körper spontan, wie durch eine Reflexhandlung, einer von ihnen zu. Es liegt an uns, sie zu kontrollieren, aber die Anziehungskraft des Vergnügens ist nichts anderes als diese begonnene Bewegung, und die Schärfe des Vergnügens, während wir es genießen, ist nur die Trägheit des Organismus, der in sie eingetaucht ist und jede andere Empfindung zurückweist. Ohne dieses *vis inertiae*, dessen wir uns gerade durch den Widerstand bewusst werden, den wir allem entgegensetzen, was uns ablenken könnte, wäre der Genuss ein Zustand, aber keine Größe mehr. In der moralischen wie in der physischen Welt ( ) dient die Anziehung eher dazu, die Bewegung zu definieren, als sie zu erzeugen.

Wir haben die affektiven Empfindungen gesondert untersucht, aber wir müssen nun feststellen, dass viele repräsentative Empfindungen einen affektiven Charakter besitzen und somit eine Reaktion unsererseits hervorrufen, die wir bei der Einschätzung ihrer Intensität berücksichtigen. Eine beträchtliche Zunahme des Lichts wird für uns durch eine charakteristische Empfindung repräsentiert, die noch kein Schmerz ist, die aber der Blendung entspricht. In dem Maße, wie die Amplitude von Schallschwingungen zunimmt, scheint unser Kopf und dann unser Körper zu vibrieren oder einen Schlag zu erhalten. Bestimmte repräsentative Sinneseindrücke, die des Geschmacks, des Geruchs und der Temperatur, haben einen festen Charakter des Angenehmen oder Unangenehmen. Zwischen mehr oder weniger bitteren Geschmäckern kann man kaum etwas anderes als Qualitätsunterschiede erkennen; sie sind wie verschiedene Schattierungen ein und derselben Farbe. Aber diese Qualitätsunterschiede werden aufgrund ihres affektiven Charakters und der mehr oder weniger ausgeprägten Reaktionsbewegungen, des Wohlgefallens oder der Abneigung, die sie bei uns hervorrufen, sofort als Quantitätsunterschiede interpretiert. Auch wenn die Empfindung rein repräsentativ bleibt, kann ihre äußere Ursache einen bestimmten Grad an Stärke oder Schwäche nicht überschreiten, ohne uns zu Bewegungen anzuregen, die es uns ermöglichen, sie zu messen. Manchmal, in der Tat , müssen wir uns anstrengen, um diese Empfindung wahrzunehmen, als ob sie versuchen würde, sich unserer Aufmerksamkeit zu entziehen; manchmal aber drängt sie sich uns auf, zwingt sich uns auf und nimmt uns so sehr in Beschlag, dass wir alle Anstrengungen unternehmen, ihr zu entkommen und wir selbst zu bleiben. Im ersten Fall spricht man von einer leichten, im zweiten Fall von einer sehr starken Empfindung. Um ein entferntes Geräusch, einen schwachen Geruch oder ein schwaches Licht wahrzunehmen, strengen wir alle unsere Fähigkeiten an, wir "schenken Aufmerksamkeit". Und gerade weil der Geruch und das Licht auf diese Weise durch unsere Anstrengungen verstärkt werden müssen, erscheinen sie uns schwach. Umgekehrt erkennen wir eine Empfindung von extremer Intensität an den unwiderstehlichen Reflexbewegungen, zu denen sie uns anregt, oder an der Ohnmacht, mit der sie auf uns wirkt. Wenn eine Kanone in unmittelbarer Nähe unserer Ohren abgefeuert wird oder ein grelles Licht plötzlich aufflackert, verlieren wir für einen Augenblick das Bewusstsein unserer Persönlichkeit; dieser Zustand kann bei einem sehr nervösen Menschen sogar einige Zeit anhalten. Es muss hinzugefügt werden, dass wir selbst im Bereich der so genannten mittleren Intensitäten, wenn wir es mit einer repräsentativen Empfindung zu tun haben, deren Bedeutung oft abschätzen, indem wir sie mit einer anderen vergleichen, die sie verdrängt, oder indem wir die Ausdauer berücksichtigen, mit der sie zurückkehrt. So scheint das Ticken einer Uhr nachts lauter zu sein, weil es leicht ein Bewusstsein in Beschlag nimmt, das fast leer von Empfindungen und Ideen ist. Fremde, die sich in einer uns unverständlichen Sprache unterhalten, scheinen uns sehr laut zu sprechen, weil ihre Worte in unserem Bewusstsein keine Vorstellungen mehr hervorrufen, und brechen so in eine Art intellektuelle Stille ein und beanspruchen unsere Aufmerksamkeit wie das nächtliche Ticken einer Uhr. Mit diesen sogenannten mittleren Empfindungen nähern wir uns jedoch einer Reihe von psychischen Zuständen, deren Intensität eine neue Bedeutung haben kann. Denn in den meisten Fällen reagiert der Organismus kaum, zumindest nicht in einer wahrnehmbaren Weise; und dennoch machen wir aus der Tonhöhe eines Geräusches, der Intensität eines Lichtes, der Sättigung einer Farbe eine Größe. Eine genauere Beobachtung dessen, was sich im gesamten Organismus abspielt, wenn wir diesen oder jenen Ton hören oder diese oder jene Farbe wahrnehmen, hält zweifellos mehr als eine Überraschung für uns bereit. Hat nicht C. Féré gezeigt, dass jede Empfindung von einer Zunahme der Muskelkraft begleitet wird, die mit dem Dynamometer gemessen werden kann?[16] Aber eine solche Steigerung ist uns kaum bewußt, und wenn wir darüber nachdenken, mit welcher Genauigkeit wir Töne und Farben, ja sogar Gewichte und Temperaturen unterscheiden, werden wir leicht erraten, daß bei unserer Einschätzung ein neues Element ins Spiel kommen muß.

Nun ist die Natur dieses Elements leicht zu bestimmen. Denn in dem Maße, in dem eine Empfindung ihren affektiven Charakter verliert und repräsentativ wird, neigen die Reaktionen, die sie bei uns hervorgerufen hat, dazu, zu verschwinden, aber gleichzeitig nehmen wir den äußeren Gegenstand, der ihre Ursache ist, wahr, oder wenn wir ihn jetzt nicht wahrnehmen, haben wir ihn wahrgenommen und

> Die rein repräsentativen Empfindungen werden durch äußere Ursachen gemessen.

denken an ihn. Nun ist diese Ursache umfangreich und daher messbar: eine ständige Erfahrung, die mit den ersten Schimmern des Bewusstseins begann und sich durch unser ganzes Leben zieht, zeigt uns eine bestimmte Schattierung der Empfindung, die einem bestimmten Maß an Anregung entspricht. Wir assoziieren also die Vorstellung einer bestimmten Quantität der Ursache mit einer bestimmten Qualität der Wirkung; und schließlich übertragen wir, wie bei jeder erworbenen Wahrnehmung, die Vorstellung in die Empfindung, die Quantität der Ursache in die Qualität der Wirkung. In diesem Augenblick wird die Intensität, die nichts anderes als eine bestimmte Schattierung oder Qualität der Empfindung war, zu einer Größe. Wir werden diesen Vorgang leicht verstehen, wenn wir z.B. eine Nadel in der rechten Hand halten und unsere linke Hand immer tiefer einstechen. Zuerst werden wir gleichsam ein Kribbeln spüren, dann eine Berührung, auf die ein Stich folgt, dann einen punktuellen Schmerz und schließlich die Ausbreitung dieses Schmerzes auf die umliegende Zone.

Und je mehr wir darüber nachdenken, desto deutlicher werden wir sehen, dass wir es hier mit so vielen qualitativ unterschiedlichen Empfindungen zu tun haben, so viele Varianten einer einzigen Art. Und doch sprachen wir anfangs von ein und derselben Empfindung, die sich immer weiter ausbreitete, von einem Stechen, das an Intensität zunahm. Der Grund dafür ist, dass wir, ohne es zu merken, in der Empfindung der linken Hand, die gestochen wird, die fortschreitende Anstrengung der rechten Hand, die sticht, lokalisiert haben. Wir haben also die Ursache in die Wirkung eingeführt und unbewusst Qualität als Quantität, Intensität als Größe interpretiert. Es ist nun leicht einzusehen, dass die Intensität jeder repräsentativen Empfindung auf dieselbe Weise verstanden werden muss.

Die Geräuschempfindungen weisen sehr unterschiedliche Intensitätsgrade auf. Wir haben bereits über die Notwendigkeit gesprochen, den affektiven Charakter dieser Empfindungen zu berücksichtigen, den Schock, den der gesamte Organismus empfängt. Wir haben gezeigt, dass ein sehr intensives Geräusch ein Geräusch ist,

Die Empfindungen von Schall. Intensität gemessen an der Anstrengung, die erforderlich ist, um einen ähnlichen Klang zu erzeugen.

das unsere Aufmerksamkeit fesselt und alle anderen verdrängt. Nimmt man aber die Erschütterung weg, die deutliche Vibration, die man manchmal im Kopf oder sogar im ganzen Körper spürt, nimmt man den Zusammenprall der gleichzeitig gehörten Töne weg, was bleibt dann übrig außer einer undefinierbaren Qualität des gehörten Tons? Aber diese Qualität wird sofort als Quantität interpretiert, weil Sie sie selbst tausendmal erhalten haben, z.B. indem Sie auf einen Gegenstand schlugen und so eine bestimmte Menge an Anstrengung aufwandten. Sie wissen auch, wie weit Sie Ihre Stimme erheben müssten, um einen ähnlichen Ton zu erzeugen, und die Vorstellung dieser Anstrengung kommt Ihnen sofort in den Sinn, wenn Sie die Intensität des Tons in eine Größe umwandeln. Wundt[17] hat auf die ganz besonderen Verbindungen von Stimm- und Hörnervenfäden hingewiesen, die im menschlichen Gehirn anzutreffen sind. Und hat man nicht gesagt, dass hören heißt, zu sich selbst sprechen? Manche Neuropathen können nicht an einem Gespräch teilnehmen, ohne die Lippen zu bewegen; das ist nur eine Übertreibung dessen, was bei jedem von uns geschieht. Wie lässt sich die expressive oder vielmehr suggestive Kraft der Musik erklären, wenn nicht dadurch, dass wir uns die gehörten Töne wiederholen, um uns in den psychischen Zustand zurückzuversetzen, aus dem sie hervorgegangen sind, einen ursprünglichen Zustand, den nichts ausdrücken, aber etwas andeuten kann, nämlich die Bewegung und Haltung, die der Ton unserem Körper verleiht?

Wenn wir also von der Intensität eines Geräusches mittlerer Stärke als einer Größe sprechen, spielen wir hauptsächlich auf die größere oder geringere Anstrengung an, die wir aufwenden müssten, um durch unsere eigene Anstrengung die gleiche Hörempfindung hervorzurufen.

Nun unterscheiden wir neben der Intensität eine weitere charakteristische Eigenschaft des Schalls, seine Tonhöhe. Sind die Unterschiede in der Tonhöhe, wie sie unser Ohr wahrnimmt, quantitative Unterschiede? Ich gebe zu, dass ein schärferer Ton das Bild einer höheren Position im Raum hervorruft. Aber folgt daraus, dass sich die Töne der

Tonleiter als Höreindrücke anders als durch ihre Qualität unterscheiden? Vergessen Sie, was Sie in der Physik gelernt haben, prüfen Sie sorgfältig Ihre Vorstellung von einem höheren oder tieferen Ton, und sehen Sie, ob Sie nicht einfach an die größere oder geringere Anstrengung denken, die der Spannungsmuskel Ihrer Stimmbänder aufbringen muss, um den Ton zu erzeugen? Da die Anstrengung, mit der Ihre Stimme von einem Ton zum anderen übergeht, diskontinuierlich ist, stellen Sie sich diese aufeinanderfolgenden Töne als Punkte im Raum vor, die durch eine Reihe von plötzlichen Sprüngen erreicht werden, bei denen Sie jeweils ein leeres Trennintervall durchqueren: Deshalb legen Sie Intervalle zwischen den Tönen der Tonleiter fest. Warum aber ist die Linie, auf der wir sie anordnen, vertikal und nicht horizontal, und warum sagen wir, dass der Ton in einigen Fällen aufsteigt und in anderen absteigt? Man muss bedenken, dass die hohen Töne eine Art Resonanz im Kopf und die tiefen Töne im Brustkorb zu erzeugen scheinen: Diese Wahrnehmung, ob real oder illusorisch, hat zweifellos dazu beigetragen, dass wir die Intervalle vertikal anordnen. Aber wir müssen auch feststellen, dass je größer die Spannung der Stimmbänder in der Bruststimme ist, desto größer ist die Oberfläche des Körpers betroffen, wenn der Sänger unerfahren ist; dies ist der Grund, warum die Anstrengung von ihm als intensiver empfunden wird. Und wenn er die Luft nach oben ausatmet, wird er dem durch den Luftstrom erzeugten Ton die gleiche Richtung zuweisen; daher wird die Sympathie eines größeren Teils des Körpers mit den Stimmmuskeln durch eine Bewegung nach oben dargestellt werden. Wir werden also sagen, dass der Ton höher ist, weil der Körper eine Anstrengung unternimmt, als ob er ein Objekt erreichen wollte, das im Raum höher liegt. Auf diese Weise wurde es üblich, jedem Ton der Tonleiter eine bestimmte Höhe zuzuordnen, und sobald der Physiker in der Lage war, sie durch die Anzahl der Schwingungen in einer bestimmten Zeit zu definieren, der sie entspricht, zögerte man nicht mehr zu erklären, dass unser Ohr Quantitätsunterschiede direkt wahrnimmt. Aber der Klang bliebe eine reine Qualität, wenn wir nicht die Muskelanstrengung, die ihn erzeugt, oder die Schwingungen, die ihn erklären, hinzuziehen würden.

Die Experimente von Blix, Goldscheider und Donaldson[18] haben gezeigt, dass die Punkte auf der Körperoberfläche, die Kälte empfinden, nicht dieselben sind wie die, die Wärme empfinden. Die Physiologie ist also geneigt, zwischen den Empfindungen von Wärme und Kälte einen Unterschied der Art und nicht nur des Grades zu machen. Die psychologische Beobachtung geht aber noch weiter, denn bei genauem Hinsehen lassen sich leicht spezifische Unterschiede zwischen den verschiedenen Wärmeempfindungen entdecken, ebenso wie zwischen den Empfindungen von Kälte. Eine intensivere Hitze ist in Wirklichkeit eine andere Art von Hitze. Wir nennen sie intensiver, weil wir dieselbe Veränderung tausendmal erlebt haben, wenn wir uns einer Wärmequelle immer mehr genähert haben oder wenn eine wachsende Oberfläche unseres Körpers von ihr beeinflusst wurde. Außerdem werden die Wärme- und Kälteempfindungen sehr schnell affektiv und regen uns zu mehr oder weniger ausgeprägten Reaktionen an, an denen wir ihre äußere Ursache messen: daher sind wir geneigt, ähnliche quantitative Unterschiede zwischen den Empfindungen aufzustellen, die niedrigeren Intensitäten der Ursache entsprechen. Aber ich werde nicht weiter darauf bestehen; jeder muss sich selbst in diesem Punkt sorgfältig befragen, nachdem er alles, was ihn seine bisherige Erfahrung über die Ursache seiner Empfindungen gelehrt hat, aus dem Weg geräumt hat und sich mit den Empfindungen selbst auseinandergesetzt hat.

Das Ergebnis dieser Untersuchung dürfte folgendes sein: Man wird feststellen, dass die Größe einer repräsentativen Empfindung davon abhängt, dass die Ursache in die Wirkung umgesetzt wurde, während die Intensität des affektiven Elements von den mehr oder weniger wichtigen Reaktionen abhängt, die die äußeren Reize verlängern und in die Empfindung selbst einfließen.

Das Gleiche wird man bei Druck und sogar bei Gewicht erleben. Wenn Sie sagen, dass ein Druck auf Ihre Hand stärker wird, sehen Sie, ob Sie nicht meinen, dass es zuerst eine Berührung, dann einen Druck, danach einen Schmerz gab, und dass dieser Schmerz selbst, nachdem er eine Reihe von qualitativen Veränderungen durchlaufen hat, sich immer weiter über die umgebende Region ausgebreitet hat. Schauen Sie noch einmal hin und sehen Sie, ob Sie nicht die immer intensivere, d.h. immer mehr ausgedehnte Anstrengung des Widerstandes, den Sie dem äußeren Druck entgegensetzen, einbringen. Wenn der Psychophysiker ein schwereres Gewicht anhebt, erfährt er, wie er sagt, eine Steigerung der Empfindung. Prüfen Sie, ob diese Empfindungssteigerung nicht eher als Empfindung der Steigerung bezeichnet werden sollte. Denn im ersten Fall wäre die Empfindung eine Quantität wie ihre äußere Ursache, während sie im zweiten Fall eine Qualität wäre, die repräsentativ für die Größe ihrer Ursache geworden ist. Die Unterscheidung zwischen dem Schweren und dem Leichten mag so altmodisch und kindisch erscheinen wie die zwischen dem Heißen und dem Kalten. Aber gerade das Kindliche an dieser Unterscheidung macht sie zu einer psychologischen Realität. Und nicht nur, dass das Schwere und das Leichte als Gattungsunterschiede in unser Bewusstsein drängen, sondern die verschiedenen Grade von Leichtigkeit und Schwere sind so viele Arten dieser beiden Gattungen. Es muss hinzugefügt werden, dass der Qualitätsunterschied hier spontan in einen Quantitätsunterschied übersetzt wird, aufgrund der mehr oder weniger großen Anstrengung, die unser Körper unternimmt, um ein bestimmtes Gewicht zu heben. Sie werden sich dessen bald bewusst, wenn Sie einen Korb heben sollen, von dem man Ihnen sagt, er sei voll mit Alteisen, während in Wirklichkeit nichts darin ist. Sie werden denken, dass Sie das Gleichgewicht verlieren, wenn Sie den Korb greifen, als hätten sich entfernte Muskeln schon vorher für den Vorgang interessiert und eine plötzliche Enttäuschung erlebt. Die Empfindung des Gewichts an einem bestimmten Punkt wird vor allem durch die Anzahl und die Art dieser sympathischen Anstrengungen bestimmt, die an verschiedenen Stellen des Organismus stattfinden; und diese Empfindung wäre nichts weiter als eine Eigenschaft, wenn man ihr nicht die Vorstellung einer Größe hinzufügen würde. Was die Illusion in diesem Punkt noch verstärkt, ist, dass wir uns daran gewöhnt haben, an die unmittelbare Wahrnehmung einer homogenen Bewegung in einem homogenen Raum zu glauben. Wenn ich ein leichtes Gewicht mit dem Arm hebe, während der übrige Körper unbewegt bleibt, erlebe ich eine Reihe von Muskelempfindungen, von denen jede ihr "lokales Zeichen", ihre eigentümliche Schattierung hat: Es ist diese Reihe, die mein Bewusstsein als eine kontinuierliche Bewegung im Raum interpretiert. Wenn ich danach ein schwereres Gewicht mit derselben Geschwindigkeit auf dieselbe Höhe hebe, durchlaufe ich eine neue Reihe von Muskelempfindungen, von denen sich jede von dem entsprechenden Ausdruck der vorangegangenen Reihe unterscheidet. Davon könnte ich mich leicht überzeugen, indem ich sie genau untersuche. Da ich aber auch diese neue Reihe als eine kontinuierliche Bewegung auffasse, und da diese Bewegung die gleiche Richtung, die gleiche Dauer und die gleiche Geschwindigkeit wie die vorhergehende hat, fühlt sich mein Bewusstsein verpflichtet, den Unterschied zwischen der zweiten Reihe von Empfindungen und der ersten anderswo als in der Bewegung selbst zu lokalisieren. Es materialisiert also diesen Unterschied an der Extremität des sich bewegenden Arms; es redet sich ein, dass die Empfindung der Bewegung in beiden Fällen identisch war, während die Empfindung des Gewichts sich in der Größe unterschied.

Aber Bewegung und Gewicht sind nur Unterscheidungen des reflektierenden Bewusstseins: was dem Bewusstsein unmittelbar gegenwärtig ist, ist die Empfindung einer sozusagen schweren Bewegung, und diese Empfindung selbst kann durch Analyse in eine Reihe von Muskelempfindungen aufgelöst werden, von denen jede durch ihre Schattierung ihren Ursprungsort und durch ihre Farbe die Größe des gehobenen Gewichts darstellt.

Sollen wir die Lichtstärke als Quantität bezeichnen oder als Qualität behandeln? Es ist vielleicht noch nicht ausreichend bemerkt worden, wie viele verschiedene Faktoren im täglichen Leben zusammenwirken, um uns Informationen über die Art der Lichtquelle zu geben. Aus langjähriger Erfahrung wissen wir, dass, wenn wir Schwierigkeiten haben, die Umrisse und Einzelheiten von Gegenständen zu erkennen, das Licht sich in der Ferne befindet oder kurz vor dem Erlöschen steht. Die Erfahrung hat uns gelehrt, dass die affektive Empfindung oder das aufkommende Blenden, das wir in bestimmten Fällen erleben, auf eine höhere Intensität der Ursache zurückzuführen ist. Jede Vergrößerung oder Verkleinerung der Zahl der Lichtquellen verändert die Art und Weise, in der sich die scharfen Linien der Körper abzeichnen, und auch die Schatten, die sie werfen. Noch wichtiger sind die Veränderungen des Farbtons, die farbige Flächen und sogar die reinen Farben des Spektrums unter dem Einfluss eines helleren oder schwächeren Lichts erfahren. Je näher die Lichtquelle kommt, desto bläulicher wird das Violett, desto weißlicher wird das Grün und desto leuchtender wird das Rot. Umgekehrt geht Ultramarin in Violett und Gelb in Grün über, wenn sich das Licht entfernt; schließlich tendieren Rot, Grün und Violett zu einem weißlichen Gelb. Die Physiker haben diese Farbveränderungen schon seit einiger Zeit beobachtet;[19] aber noch bemerkenswerter ist, dass die meisten Menschen sie nicht wahrnehmen, es sei denn, sie achten darauf oder werden vor ihnen gewarnt. Nachdem wir uns ein für allemal entschlossen haben, die Veränderungen der Qualität als Veränderungen der Quantität zu interpretieren, beginnen wir mit der Behauptung, dass jeder Gegenstand seine eigene, bestimmte und unveränderliche Farbe hat. Und wenn der Farbton eines Gegenstandes dazu neigt, gelb oder blau zu werden, sagen wir nicht, dass sich die Farbe unter dem Einfluss von mehr oder weniger Licht ändert, sondern dass die Farbe gleich bleibt, aber die Empfindung der Lichtintensität zunimmt oder abnimmt. Wir ersetzen also wieder einmal den qualitativen Eindruck, den unser Bewusstsein empfängt, durch die quantitative Interpretation unseres Verstandes. Helmholtz hat einen gleichartigen, aber noch komplizierteren Fall von Interpretation beschrieben: "Wenn wir mit zwei Farben des Spektrums Weiß bilden, und wenn wir die Intensitäten der beiden farbigen Lichter im gleichen Verhältnis erhöhen oder verringern, so dass die Proportionen der Kombination gleich bleiben, bleibt die resultierende Farbe die gleiche, obwohl die relative Intensität der Empfindungen eine deutliche Veränderung erfährt.... Dies hängt damit zusammen, dass das Licht der Sonne, das wir tagsüber als das normale weiße Licht betrachten, selbst ähnliche Veränderungen des Farbtons erfährt, wenn die Lichtstärke variiert."[20]

Wenn wir aber oft die Veränderungen der Lichtquelle anhand der relativen Veränderungen des Farbtons der uns umgebenden Gegenstände beurteilen, so gilt dies nicht mehr für einfache Fälle, in denen ein einziger Gegenstand, z. B. eine weiße Fläche, nacheinander verschiedene Helligkeitsgrade durchläuft. Auf diesen letzten Punkt müssen wir besonders hinweisen. Denn der Physiker spricht von Lichtstärkegraden wie von realen Größen: und er misst sie in der Tat mit dem Photometer. Der Psychophysiker geht noch weiter: Er behauptet, dass unser Auge selbst die Lichtstärken schätzt. Experimente sind versucht worden, zuerst von Delbœuf,[21] und danach von Lehmann und Neiglick,[22] mit versucht, um aus der direkten Messung unserer Lichtempfindungen eine psychophysikalische Formel zu konstruieren. Wir wollen das Ergebnis dieser Experimente nicht bestreiten und auch nicht den Wert der photometrischen Verfahren leugnen, aber wir müssen sehen, wie wir sie interpretieren müssen.

Schauen Sie sich ein Blatt Papier genau an, das z. B. von vier Kerzen beleuchtet wird, und löschen Sie nacheinander eine, zwei, fotometrisch drei von ihnen aus. Du sagst, dass die Oberfläche weiß bleibt und dass die Helligkeit abnimmt. Aber Sie wissen, dass gerade eine Kerze gelöscht wurde; oder, wenn Sie es nicht wissen, haben Sie schon oft eine ähnliche Veränderung im Aussehen einer weißen Fläche beobachtet, wenn die Beleuchtung vermindert wurde. Lassen Sie beiseite, woran Sie sich an Ihre vergangenen Erfahrungen erinnern und was Sie gewohnt sind, über die gegenwärtigen zu sagen; Sie werden feststellen, dass das, was Sie wirklich wahrnehmen, nicht eine verringerte

Beleuchtung der weißen Fläche ist, sondern eine *Schattenschicht, die* in dem Moment, in dem die Kerze gelöscht wird, über diese Fläche zieht. Dieser Schatten ist eine Realität für euer Bewusstsein, wie das Licht selbst. Wenn Sie die erste Fläche in all ihrem Glanz als weiß bezeichnen, müssen Sie dem, was Sie jetzt sehen, einen anderen Namen geben, denn es ist etwas anderes: Es ist, wenn wir so sagen dürfen, eine neue Schattierung von Weiß. Wir haben uns durch den kombinierten Einfluss unserer bisherigen Erfahrungen und der physikalischen Theorien daran gewöhnt, Schwarz als die Abwesenheit oder zumindest als das Minimum der Lichtempfindung zu betrachten, und die aufeinanderfolgenden Grautöne als abnehmende Intensitäten des weißen Lichts. Tatsächlich aber ist Schwarz für unser Bewusstsein genauso real wie Weiß, und die abnehmende Intensität des weißen Lichts, das eine bestimmte Fläche beleuchtet, würde einem unvoreingenommenen Bewusstsein als viele verschiedene Schattierungen erscheinen, nicht anders als die verschiedenen Farben des Spektrums. Dies ist der Grund, warum die Veränderung der Empfindung nicht kontinuierlich ist, wie es bei der äußeren Ursache der Fall ist, und warum das Licht eine gewisse Zeit lang zunehmen oder abnehmen kann, ohne eine sichtbare Veränderung in der Beleuchtung unserer weißen Oberfläche hervorzurufen: Die Beleuchtung scheint sich nicht zu verändern, bis die Zunahme oder Abnahme des äußeren Lichts ausreicht, um eine neue Qualität zu erzeugen. Die Helligkeitsschwankungen einer bestimmten Farbe - abgesehen von den affektiven Empfindungen, von denen wir oben sprachen - wären also nichts anderes als qualitative Veränderungen, wenn wir nicht die Gewohnheit hätten, die Ursache auf die Wirkung zu übertragen und unsere unmittelbaren Eindrücke durch das zu ersetzen, was wir aus Erfahrung und Wissenschaft lernen. Das Gleiche könnte man von den Sättigungsgraden sagen. Wenn nämlich die verschiedenen Intensitäten einer Farbe so vielen verschiedenen Schattierungen entsprechen, die zwischen dieser Farbe und Schwarz existieren, so sind die Sättigungsgrade wie Zwischentöne zwischen der gleichen Farbe und reinem Weiß. Man könnte sagen, dass jede Farbe unter zwei Gesichtspunkten betrachtet werden kann, nämlich unter dem

Gesichtspunkt von Schwarz und unter dem Gesichtspunkt von Weiß. Und Schwarz ist dann für die Intensität das, was Weiß für die Sättigung ist.

Die Bedeutung der photometrischen Experimente wird nun deutlich. Eine Kerze, die in einem bestimmten Abstand von einem Blatt Papier aufgestellt wird, beleuchtet dieses in einer bestimmten Weise: Man verdoppelt den Abstand und stellt fest, dass vier Kerzen erforderlich sind, um die gleiche Wirkung zu erzielen. Daraus schließen Sie, dass bei einer Verdoppelung des Abstands ohne Erhöhung der Lichtstärke der Lichtquelle die resultierende Beleuchtung nur ein Viertel so hell gewesen wäre. Aber es ist ganz offensichtlich, dass es sich hier um eine physikalische und nicht um eine psychologische Wirkung handelt. Denn man kann nicht sagen, dass Sie zwei Empfindungen miteinander verglichen haben: Sie haben sich einer einzigen Empfindung bedient, um zwei verschiedene Lichtquellen miteinander zu vergleichen, von denen die zweite viermal so stark wie die erste, aber doppelt so weit entfernt ist. Mit einem Wort, der Physiker bringt niemals Empfindungen ein, die doppelt oder dreifach so stark sind wie andere, sondern nur identische Empfindungen, die dazu bestimmt sind, als Vermittler zwischen zwei physikalischen Größen zu dienen, die dann miteinander gleichgesetzt werden können. Die Lichtempfindung spielt hier die Rolle der unbekannten Hilfsgröße, die der Mathematiker in seine Berechnungen einführt und die im Endergebnis nicht auftauchen soll.

Das Ziel des Psychophysikers ist jedoch ein ganz anderes: Er untersucht die Lichtempfindung selbst und behauptet, sie zu messen. Manchmal geht er dazu über, unendlich kleine Unterschiede zu integrieren, nach der Methode von Fechner; manchmal vergleicht er eine Empfindung direkt mit einer anderen. Die letztere Methode, die auf Plateau und Delbœuf zurückgeht, unterscheidet sich von der Fechner'schen weit weniger, als man bisher

> Bei photometrischen Experimenten vergleicht der Physiker nicht Empfindungen, sondern physikalische Effekte.

> Der Psychophysiker erhebt den Anspruch, Empfindungen zu vergleichen und zu messen. Die Experimente von Delbœuf.

geglaubt hat; da sie sich aber besonders auf die Lichtempfindungen bezieht, wollen wir sie zuerst behandeln. Delbœuf stellt einen Beobachter vor drei konzentrische Ringe, die in ihrer Helligkeit variieren. Durch eine ausgeklügelte Anordnung kann er bewirken, dass jeder dieser Ringe alle Farbtöne zwischen Weiß und Schwarz durchläuft. Nehmen wir an, dass zwei Grautöne gleichzeitig auf zwei der Ringe erzeugt werden und unverändert bleiben; nennen wir sie A und B. Delbœuf verändert die Helligkeit C des dritten Rings und bittet den Beobachter, ihm zu sagen, ob ihm in einem bestimmten Moment das Grau B gleich weit von den beiden anderen entfernt erscheint. Es kommt nämlich ein Moment, in dem der Beobachter feststellt, dass der Kontrast A B gleich dem Kontrast B C ist, so dass nach Delbœuf eine Skala von Lichtstärken konstruiert werden könnte, auf der wir von jeder Empfindung zur nächsten durch gleiche sinnliche Kontraste übergehen könnten: unsere Empfindungen würden so aneinander gemessen. Ich werde Delbœuf nicht in den Schlussfolgerungen folgen, die er aus diesen bemerkenswerten Experimenten gezogen hat: die wesentliche Frage, die einzige Frage, wie mir scheint, ist, ob ein Kontrast A B, der aus den Elementen A und B gebildet wird, wirklich gleich ist mit einem Kontrast B C, der anders zusammengesetzt ist . Sobald bewiesen ist, dass zwei Empfindungen gleich sein können, ohne identisch zu sein, wird die Psychophysik etabliert sein. Aber gerade diese Gleichheit scheint mir fraglich zu sein: Es ist nämlich leicht zu erklären, wie man sagen kann, dass eine Empfindung von leuchtender Intensität gleich weit von zwei anderen entfernt ist.

Nehmen wir für einen Moment an, die wachsende Intensität einer Lichtquelle hätte von unserer Geburt an immer wieder die verschiedenen Farben des Spektrums in unserem Bewusstsein hervorgerufen. Zweifellos würden uns diese Farben dann als so viele Töne einer Skala, als höhere oder niedrigere Stufen einer Tonleiter, mit einem Wort, als Größenordnungen erscheinen. Außerdem wäre es für uns ein Leichtes, jeder von ihnen ihren Platz in der Reihe zuzuweisen. Denn obwohl die umfassende Ursache sich kontinuierlich verändert, sind die

In welchen Fällen können Farbunterschiede als Größenunterschiede interpretiert werden?

Veränderungen in der Farbempfindung diskontinuierlich, indem sie von einem Farbton zum anderen übergehen. Wie zahlreich also die Zwischentöne zwischen den beiden Farben A und B auch sein mögen, es wird immer möglich sein, sie gedanklich zumindest grob zu zählen und festzustellen, ob diese Zahl fast gleich der Zahl der Töne ist, die B von einer anderen Farbe C trennen. Aber das wird immer nur eine bequeme Interpretation sein: denn auch wenn die Anzahl der Zwischentöne auf beiden Seiten gleich sein mag , auch wenn wir durch plötzliche Sprünge von einem zum anderen übergehen können, wissen wir nicht, ob diese Sprünge Größen sind, und noch weniger, ob sie *gleiche* Größen sind: vor allem wäre es notwendig zu zeigen, dass die Zwischentöne, die uns während unserer Messung geholfen haben, innerhalb des Objekts, das wir gemessen haben, wiedergefunden werden können. Wenn dies nicht der Fall ist, kann man nur durch eine Metapher sagen, dass eine Empfindung in gleicher Entfernung von zwei anderen liegt.

Wenn man nun die Ansichten akzeptiert, die wir zuvor in Bezug auf die Lichtintensitäten aufgezählt haben, wird man erkennen, dass die verschiedenen Grautöne, die Delbœuf uns zeigt, für unser Bewusstsein streng analog zu den Farben sind, und dass, wenn wir erklären, dass ein Grauton gleich weit von zwei anderen Grautönen entfernt ist, dies in demselben Sinne geschieht, in dem man sagen könnte, dass z. B. Orange in gleichem Abstand von Grün und Rot ist. Der Unterschied besteht jedoch darin, dass die Abfolge der Grautöne nach all unseren bisherigen Erfahrungen im Zusammenhang mit einer allmählichen Zu- oder Abnahme der Beleuchtungsstärke erfolgt. Daher tun wir bei den Helligkeitsunterschieden das, was wir bei den Farbunterschieden nicht zu tun gedenken: wir machen aus den Qualitätsunterschieden Größenunterschiede. In der Tat gibt es hier keine Schwierigkeiten beim Messen, weil die aufeinanderfolgenden Grautöne, die durch eine kontinuierliche Abnahme der Beleuchtung erzeugt werden, diskontinuierlich sind, da sie Qualitäten sind, und weil wir die wichtigsten Zwischentöne, die zwei beliebige Grautöne voneinander trennen, ungefähr

Dies ist bei den unterschiedlichen Intensitäten der Lichtempfindungen der Fall. Das zugrunde liegende Postulat von Delbœuf.

zählen können. Der Kontrast A B wird also dem Kontrast B C gleichgesetzt, wenn unsere Vorstellungskraft, unterstützt durch unser Gedächtnis, zwischen A und B die gleiche Anzahl von Zwischentönen einfügt wie zwischen B und C. Es ist unnötig zu sagen, dass dies notwendigerweise eine sehr grobe Schätzung sein wird. Es ist zu erwarten, dass sie bei verschiedenen Personen erheblich schwanken wird. Vor allem ist zu erwarten, dass die Person mehr zögern wird und dass die Schätzungen verschiedener Personen umso stärker voneinander abweichen werden, je größer der Helligkeitsunterschied zwischen den Ringen A und B ist, denn es wird eine immer mühsamere Anstrengung erfordern, die Anzahl der Zwischentöne zu schätzen. Und genau das geschieht, wie man anhand der beiden von Delbœuf erstellten Tabellen leicht erkennen kann.[23] In dem Maße, in dem er den Helligkeitsunterschied zwischen dem äußeren Ring und dem mittleren Ring vergrößert, steigt der Unterschied zwischen den Zahlen, die ein und derselbe Beobachter oder verschiedene Beobachter nacheinander fixieren, fast kontinuierlich von 3 Grad auf 94, von 5 auf 73, von 10 auf 25, von 7 auf 40. Aber lassen wir diese Divergenzen beiseite: Nehmen wir an, dass die Beobachter immer übereinstimmend sind und immer miteinander übereinstimmen; wird dann festgestellt, dass die Kontraste A B und B C gleich sind? Zunächst müsste man beweisen, dass zwei aufeinanderfolgende Elementarkontraste gleiche Mengen sind, während man in Wirklichkeit nur weiß, dass sie aufeinanderfolgend sind. Dann müsste man beweisen, dass wir innerhalb eines bestimmten Grautons die weniger intensiven Schattierungen wahrnehmen, die unsere Vorstellungskraft durchgespielt hat, um die objektive Intensität der Lichtquelle zu schätzen. Mit einem Wort, die Psychophysik von Delbœuf geht von einem theoretischen Postulat von größter Bedeutung aus, das sich unter dem Deckmantel eines experimentellen Ergebnisses verbirgt und das wir wie folgt formulieren sollten: "Wenn die objektive Lichtmenge kontinuierlich erhöht wird, sind die Unterschiede zwischen den nacheinander erhaltenen Grautönen, von denen jeder die kleinste wahrnehmbare Steigerung der physikalischen Reizung darstellt, einander gleiche Größen. Außerdem kann jede der erhaltenen

Empfindungen mit der Summe der Unterschiede gleichgesetzt werden, die alle vorhergehenden Empfindungen voneinander trennen, und zwar von Null aufwärts." Dies ist das Postulat der Fechner'schen Psychophysik, die wir nun untersuchen werden.

Fechner ging von einem von Weber entdeckten Gesetz aus, wonach bei einem bestimmten Reiz, der eine bestimmte Empfindung hervorruft, die Größe, um die der Reiz erhöht werden muss, damit das Bewusstsein eine Veränderung wahrnimmt, in einem festen Verhältnis zum ursprünglichen Reiz steht. Wenn wir also mit E den Reiz bezeichnen, der der Empfindung S entspricht, und mit ΔE den Betrag, um den der ursprüngliche Reiz erhöht werden muss, damit eine Empfindung des Unterschieds hervorgerufen werden kann, so haben wir $\Delta E/E$ = const. Diese Formel ist von den Jüngern Fechners stark modifiziert worden, und wir ziehen es vor, uns an der Diskussion nicht zu beteiligen; es ist Sache des Experiments, zwischen der von Weber aufgestellten Beziehung und ihren Substituten zu entscheiden. Wir wollen auch keine Schwierigkeiten aufwerfen, wenn es darum geht, die wahrscheinliche Existenz eines Gesetzes dieser Art anzuerkennen. Es geht hier wirklich nicht darum, eine Empfindung zu messen, sondern nur darum, den genauen Zeitpunkt zu bestimmen, zu dem eine Erhöhung des Reizes eine Veränderung der Empfindung bewirkt. Wenn nun eine bestimmte Reizmenge eine bestimmte Schattierung der Empfindung hervorruft, ist es offensichtlich, dass die Mindestmenge des Reizes, die erforderlich ist, um eine Veränderung dieser Schattierung hervorzurufen, ebenfalls bestimmt ist; und da sie nicht konstant ist, muss sie eine Funktion des ursprünglichen Reizes sein.

Wie aber sollen wir von einer Beziehung zwischen dem Reiz und seiner minimalen Zunahme zu einer Gleichung übergehen, die die "Menge der Empfindung" mit dem entsprechenden Reiz verbindet? Die gesamte Psychophysik ist in diesen Übergang involviert, der daher unserer genauesten Betrachtung wert ist.

Beim Übergang von den Weber'schen Experimenten oder einer anderen Reihe ähnlicher Beobachtungen zu einem psychophysischen Gesetz wie dem Fechner'schen werden wir mehrere verschiedene Kunstgriffe unterscheiden. Man sich zunächst darauf geeinigt, unser Bewusstsein einer Reizvermehrung als eine Vermehrung der Empfindung S zu betrachten: diese wird daher S genannt. Dann wird behauptet, dass alle Empfindungen ΔS, die der kleinsten wahrnehmbaren Reizvermehrung entsprechen, einander gleich sind. Sie werden also als Mengen behandelt, und während man einerseits annimmt, dass diese Mengen immer gleich sind, und andererseits durch das Experiment eine bestimmte Beziehung $\Delta E = f(E)$ zwischen dem Reiz E und seiner kleinsten Steigerung gefunden hat, drückt man die Konstanz von ΔS aus, indem man schreibt: $\Delta S = C\ \Delta E / f(E)$, wobei C eine konstante Menge ist. Schließlich einigt man sich darauf, die sehr kleinen Differenzen ΔS und ΔE durch die unendlich kleinen Differenzen dS und dE zu ersetzen, woraus sich eine Gleichung ergibt, die dieses Mal eine Differentialgleichung ist: $dS = C\ dE / f(E)$. Wir müssen nun einfach auf beiden Seiten integrieren, um die gewünschte Beziehung zu erhalten[24]: $S = C \int_{E_0} dE / f(E)$. Und so wird der Übergang von einem bewiesenen Gesetz, das nur das *Auftreten* einer Empfindung betraf, zu einem unbeweisbaren Gesetz, das ihr *Maß* angibt, vollzogen.

Ohne auf eine gründliche Erörterung dieses genialen Vorgangs einzugehen, wollen wir in wenigen Worten zeigen, wie Fechner die wirkliche Schwierigkeit des Problems erfasst hat, wie er versucht hat, sie zu überwinden, und wo, wie es uns scheint, der Fehler in seiner Argumentation liegt.

Fechner erkannte, dass die Messung nicht in die Psychologie eingeführt werden konnte, ohne zunächst zu definieren, was mit der Gleichheit und der Addition zweier einfacher Zustände, z. B. zweier Empfindungen, gemeint ist. Aber wenn sie nicht identisch sind, sehen wir zunächst nicht, wie zwei Empfindungen gleich sein können. Zweifellos ist in der physischen Welt Gleichheit nicht gleichbedeutend mit Identität. Aber der Grund dafür ist, dass jedes Phänomen, jedes Objekt, dort unter zwei Aspekten dargestellt wird, dem einen qualitativen und dem anderen extensiven: nichts hindert uns daran, den ersten beiseite zu schieben, und dann bleibt nichts übrig als Begriffe, die direkt oder indirekt übereinander gelegt werden können und folglich als identisch angesehen werden. Nun ist dieses qualitative Element, das wir zunächst aus den äußeren Objekten entfernen, um sie zu messen, genau das, was die Psychophysik beibehält und zu messen vorgibt. Und es ist sinnlos, diese Qualität Q durch eine darunter liegende physikalische Größe Q' messen zu wollen: denn dazu müsste man zuvor gezeigt haben, dass Q eine Funktion von Q' ist, und das wäre nicht möglich, wenn man nicht zuvor die Qualität Q mit einem Bruchteil von sich selbst gemessen hätte. Es hindert uns also nichts daran, die Empfindung von Wärme durch zu messen; aber das ist nur eine Konvention, und der ganze Sinn der Psychophysik liegt darin, diese Konvention zu verwerfen und zu untersuchen, wie sich die Empfindung von Wärme verändert, wenn man die Temperatur ändert. Mit einem Wort: Einerseits kann man nicht sagen, dass zwei verschiedene Empfindungen gleich sind, wenn nicht ein identisches Residuum nach der Eliminierung ihres qualitativen Unterschieds verbleibt; aber andererseits, da dieser qualitative Unterschied alles ist, was wir wahrnehmen, ist nicht ersichtlich, was nach seiner Eliminierung verbleiben könnte.

Das Neue an Fechners Behandlung ist, dass er diese Schwierigkeit nicht für unüberwindbar hielt. Indem er sich die Tatsache zunutze macht, dass die Empfindung durch plötzliche Sprünge variiert, während der Reiz kontinuierlich zunimmt, zögert er nicht, diese Empfindungsunterschiede mit demselben Namen zu bezeichnen: sie sind alle, sagt er, *minimale* Unterschiede, da jeder der kleinsten wahrnehmbaren Zunahme des äußeren Reizes entspricht. Man kann also die spezifische Schattierung oder Qualität dieser aufeinanderfolgenden Unterschiede beiseite lassen; es bleibt ein gemeinsames Residuum übrig, aufgrund dessen man sie in gewisser Weise als identisch ansehen wird: sie haben alle den gemeinsamen Charakter, *Minima* zu sein. Das wird die Definition der Gleichheit sein, die wir gesucht haben. Nun wird die Definition der Addition folgen natürlich. Denn wenn wir die vom

Bewusstsein wahrgenommene Differenz zwischen zwei Empfindungen, die im Verlauf einer kontinuierlichen Reizsteigerung aufeinander folgen, als eine Größe behandeln , wenn wir die erste Empfindung S und die zweite S + ΔS nennen, müssen wir jede Empfindung S als eine Summe betrachten, die durch die Addition der minimalen Differenzen erhalten wird, die wir durchlaufen, bevor wir sie erreichen. Es bleibt dann nur noch, diese doppelte Definition zu verwenden, um zunächst eine Beziehung zwischen den Differenzen ΔS und ΔE und dann, durch die Substitution der Differentiale, zwischen den beiden Variablen herzustellen. Die Mathematiker mögen hier freilich gegen die Ersetzung des Differentials durch die Differenz protestieren; auch die Psychologen mögen sich fragen, ob die Größe ΔS, statt konstant zu sein, nicht ebenso variiert wie die Empfindung S selbst;[25] und schließlich können wir alle, das psychophysische Gesetz als gegeben vorausgesetzt, über seine wirkliche Bedeutung diskutieren. Aber durch die bloße Tatsache, dass ΔS als Menge und S als Summe betrachtet wird, wird das grundlegende Postulat des ganzen Prozesses akzeptiert.

Nun erscheint uns gerade dieses Postulat fragwürdig, auch wenn es nachvollziehbar ist. Nehmen wir an, dass ich eine Empfindung S erlebe, und dass ich bei kontinuierlicher Steigerung des Reizes diese Steigerung nach einer gewissen Zeit wahrnehme. Ich bin nun über die Zunahme der Ursache informiert: aber warum sollte ich diese Benachrichtigung eine arithmetische Differenz nennen? Zweifellos besteht die Mitteilung darin, dass der ursprüngliche Zustand S sich verändert hat: er ist zu S' geworden; aber der Übergang von S zu S' könnte nur dann eine arithmetische Differenz genannt werden, wenn ich mir sozusagen eines Intervalls zwischen S und S' bewusst wäre, und wenn meine Empfindung durch die Hinzufügung von etwas von S zu S' ansteigen würde. Indem du diesem Übergang einen Namen gibst, indem du ihn ΔS nennst, machst du ihn erst zu einer Realität und dann zu einer Größe. Nun sind Sie nicht nur nicht in der Lage zu erklären, in welchem Sinne dieser Übergang eine Menge ist, sondern die Reflexion wird Ihnen zeigen, dass er

> Aufschlüs-
> selung der An-
> nahme, dass
> die Empfin-
> dung eine Sum-
> me ist, und der
> Mindestdiffe-
> renzmengen.

nicht einmal eine Realität ist; die einzigen Realitäten sind die Zustände S und S', durch die ich gehe. Zweifellos könnte ich, wenn S und S' Zahlen wären, die Realität der Differenz S'-S behaupten, auch wenn nur S und S' gegeben wären; denn die Zahl S'-S, die eine bestimmte Summe von Einheiten ist, stellt dann nur die aufeinanderfolgenden Momente der Addition dar, durch die wir von S nach S' übergehen. Wenn aber S und S' einfache Zustände sind, worin besteht dann das *Intervall*, das sie voneinander trennt? Und was kann dann der Übergang vom ersten Zustand zum zweiten sein, wenn nicht ein bloßer Akt deines Denkens, das willkürlich und um des Arguments willen eine Folge von zwei Zuständen mit einer Unterscheidung von zwei Größen gleichsetzt?

Entweder man hält sich an das, was das Bewusstsein einem präsentiert, oder man greift auf eine konventionelle Darstellungsweise zurück. Im ersten Fall wirst du einen Unterschied zwischen S und S' finden, wie der zwischen den Schattierungen Sinn. des Regenbogens, und keineswegs ein Intervall der Größe. Im zweiten Fall können Sie das Symbol ΔS einführen, wenn Sie wollen, aber es ist nur in einem konventionellen Sinn, dass Sie hier von einer arithmetischen Differenz sprechen werden, und in einem konventionellen Sinn auch, dass Sie eine Empfindung einer Summe gleichsetzen werden.

Der schärfste Kritiker Fechners, Jules Tannery, hat den letzteren Punkt sehr deutlich gemacht. "Man wird z.B. sagen, dass eine Empfindung von 50 Grad durch die Anzahl der differentiellen Empfindungen ausgedrückt wird, die von dem Punkt, wo die Empfindung fehlt, bis zu der Empfindung von 50 Grad aufeinander folgen würden.... Ich sehe nicht, dass dies etwas anderes ist als eine Definition, die ebenso legitim wie willkürlich ist."[26]

Trotz allem, was gesagt wurde, glauben wir nicht, dass die Methode der mittleren Abstufungen die Psychophysik auf einen neuen Weg gebracht hat. Das Neue an Delbœufs Untersuchung war, dass er einen besonderen Fall wählte, in dem das Bewusstsein zu

Fechners Gunsten zu entscheiden schien, und in dem der gesunde Menschenverstand selbst die Rolle des Psychophysikers spielte. Er fragte sich, ob bestimmte Empfindungen uns nicht sofort als gleich, wenn auch verschieden, erscheinen und ob es nicht möglich wäre, mit ihrer Hilfe eine Tabelle von Empfindungen aufzustellen, die doppelt, dreifach oder vierfach so groß sind wie die, die ihnen vorausgehen. Der Fehler, den Fechner beging, war, wie wir soeben gesehen haben, dass er an ein Intervall zwischen zwei aufeinanderfolgenden Empfindungen S und S' glaubte, obwohl es sich nur um einen *Übergang* von der einen zur anderen und nicht um einen *Unterschied* im arithmetischen Sinne des Wortes handelt. Könnten aber die beiden Begriffe, zwischen denen der Übergang stattfindet, gleichzeitig gegeben werden, dann gäbe es neben dem Übergang einen Kontrast; und obwohl der Kontrast noch kein rechnerischer Unterschied ist, ähnelt er ihm in gewisser Weise; denn die beiden Begriffe, die verglichen werden, stehen hier nebeneinander wie bei einer Subtraktion zweier Zahlen. Nehmen wir nun an, dass diese Empfindungen zu derselben *Gattung* gehören und dass wir in unserer bisherigen Erfahrung sozusagen ständig bei ihrem Vorbeimarsch anwesend waren, während der physikalische Reiz sich ständig steigerte: so ist es sehr wahrscheinlich, dass wir die Ursache in die Wirkung hineinschieben, und dass die Idee des Gegensatzes so in die des arithmetischen Unterschieds übergehen wird. Da wir außerdem festgestellt haben, dass sich die Empfindung abrupt ändert, während der Reiz kontinuierlich zunimmt, werden wir zweifellos die Entfernung zwischen zwei gegebenen Empfindungen durch eine grobe Schätzung der Anzahl dieser plötzlichen Sprünge oder zumindest der Zwischenempfindungen, die uns gewöhnlich als Orientierungspunkte dienen, abschätzen. Zusammengefasst: Der Kontrast erscheint uns als Unterschied, der Reiz als Menge, der plötzliche Sprung als Element der Gleichheit: Die Kombination dieser drei Faktoren führt uns zur Vorstellung gleicher quantitativer Unterschiede. Nun sind diese Bedingungen nirgends so gut verwirklicht, wie wenn uns Flächen derselben Farbe, mehr oder weniger beleuchtet, gleichzeitig präsentiert werden. Hier gibt es nicht nur einen Kontrast zwischen ähnlichen Empfindungen, sondern diese Empfindungen entsprechen einer Ursache, deren Einfluss von uns immer als eng mit ihrer Entfernung verbunden empfunden wurde; und da diese Entfernung ständig variieren kann, kann es uns nicht entgangen sein, in unserer früheren Erfahrung eine große Anzahl von Schattierungen von Empfindungen zu bemerken, die einander mit der ständigen Zunahme der Ursache folgten. Wir können also sagen, dass uns der Kontrast zwischen einem Grauton und einem anderen zum Beispiel fast gleich erscheint wie der Kontrast zwischen dem letzteren und einem dritten; und wenn wir zwei gleiche Empfindungen definieren, indem wir sagen, dass es sich um Empfindungen handelt, die ein mehr oder weniger verworrener Denkprozess als solche interpretiert, kommen wir in der Tat zu einem Gesetz wie dem von Delbœuf vorgeschlagenen. Man darf aber nicht vergessen, daß das Bewußtsein hier dieselben Zwischenstufen durchlaufen hat wie der Psychophysiker, und daß sein Urteil hier genau das wert ist, was die Psychophysik wert ist; es ist eine symbolische Interpretation der Qualität als Quantität, eine mehr oder weniger grobe Schätzung der Anzahl der Empfindungen, die zwischen zwei gegebenen Empfindungen liegen können. Der Unterschied zwischen der Methode der geringsten wahrnehmbaren Unterschiede und der der mittleren Abstufungen, zwischen der Psychophysik von Fechner und der von Delbœuf ist also nicht so groß, wie man glaubt. Die erste führte zu einer konventionellen Messung der Empfindung; die zweite appelliert an den gesunden Menschenverstand in den besonderen Fällen, in denen der gesunde Menschenverstand eine ähnliche Konvention annimmt. Mit einem Wort, die gesamte Psychophysik ist durch ihren Ursprung dazu verurteilt, sich in einem Teufelskreis zu drehen, denn das theoretische Postulat, auf dem sie beruht, verurteilt sie zu einer experimentellen Überprüfung, und sie kann nicht experimentell überprüft werden, wenn ihr Postulat nicht zuerst anerkannt wird. Es gibt nämlich keinen Berührungspunkt zwischen dem Unausgedehnten und dem Ausgedehnten, zwischen Qualität und Quantität. Wir können das eine durch das andere interpretieren, das eine als Äquivalent des anderen aufstellen; aber früher oder später, am Anfang oder am Ende, werden wir den konventionellen Charakter dieser Assimilation erkennen müssen.

In Wahrheit formuliert die Psychophysik lediglich eine dem gesunden Menschenverstand vertraute Vorstellung mit Präzision und treibt sie zu ihren äußersten Konsequenzen. Da die Sprache über das Denken dominiert, da äußere Objekte, die uns allen gemeinsam sind, für uns wichtiger sind als die subjektiven Zustände, die jeder von uns durchläuft, haben wir alles zu gewinnen, indem wir diese Zustände objektivieren, indem wir in sie so weit wie möglich die Darstellung ihrer äußeren Ursache einführen. Und je mehr unser Wissen zunimmt,

> Die Psychophysik treibt lediglich den grundlegenden, aber natürlichen Fehler, Empfindungen als Größen zu betrachten, zu seinen extremen Konsequenzen.

je mehr wir das Extensive hinter dem Intensiven, die Quantität hinter der Qualität wahrnehmen, desto mehr neigen wir auch dazu, das Erstere in das Letztere hineinzustecken und unsere Empfindungen als Größen zu behandeln. Die Physik, deren besondere Aufgabe es ist, die äußere Ursache unserer inneren Zustände zu berechnen, interessiert sich am wenigsten für diese Zustände selbst: Sie verwechselt sie ständig und absichtlich mit ihrer Ursache. Sie ermutigt also den Irrtum, den der gesunde Menschenverstand in diesem Punkt begeht, und übertreibt ihn sogar. Es war unvermeidlich, dass der Moment kommen musste, in dem die Wissenschaft, die mit dieser Verwechslung von Qualität und Quantität, von Empfindung und Reiz vertraut war, versuchen sollte, das eine zu messen, wie sie das andere misst: das war das Ziel der Psychophysik. In diesem kühnen Versuch wurde Fechner von seinen Gegnern selbst ermutigt, von den Philosophen, die von intensiven Größen sprechen und gleichzeitig erklären, dass psychische Zustände nicht messbar sind. Denn wenn man zugesteht, dass eine Empfindung stärker sein kann als eine andere, und dass diese Ungleichheit den Empfindungen selbst innewohnt, unabhängig von jeder Assoziation von Vorstellungen, von jeder mehr oder weniger bewussten Betrachtung von Zahl und Raum, so ist es natürlich zu fragen, um wie viel die erste Empfindung die zweite übertrifft, und eine quantitative Beziehung zwischen ihren Intensitäten herzustellen. Es nützt auch nichts, zu erwidern, wie es die Gegner der Psychophysik manchmal tun, dass jede Messung eine Überlagerung voraussetzt und dass es keinen Anlass gibt, nach einer numerischen Beziehung zwischen Intensitäten zu suchen, die keine überlagerbaren Objekte sind. Denn dann wird es notwendig sein zu erklären, warum eine Empfindung als intensiver als eine andere bezeichnet wird, und wie die Begriffe von größer und kleiner auf Dinge angewendet werden können, die, wie soeben festgestellt wurde, unter sich keine Beziehungen von Gefäß zu Inhalt zulassen. Wenn wir, um eine solche Frage abzukürzen, zwei Arten von Quantitäten unterscheiden, die eine intensiv, die nur ein "mehr oder weniger" zulässt, die andere extensiv, die sich zur Messung eignet, sind wir nicht weit davon entfernt, mit Fechner und den Psychophysikern übereinzustimmen. Denn sobald man anerkennt, dass ein Ding zunehmen und abnehmen kann, scheint es natürlich zu fragen, um wie viel es abnimmt oder zunimmt. Und da eine solche Messung nicht direkt möglich zu sein scheint, folgt daraus nicht, dass die Wissenschaft sie nicht auf indirektem Wege erfolgreich durchführen kann, entweder durch eine Integration unendlich kleiner Elemente, wie Fechner vorschlägt, oder auf irgendeinem anderen Umweg. Entweder ist die Empfindung also eine reine Qualität, oder, wenn sie eine Größe ist, sollten wir versuchen, sie zu messen.

Um das Vorangegangene zusammenzufassen, haben wir festgestellt, dass der Begriff der Intensität unter einem doppelten Aspekt auftritt, je nachdem, ob wir die Bewusstseinszustände untersuchen, die eine äußere Ursache darstellen, oder diejenigen, die selbstgenügsam sind. Im ersten Fall besteht die Wahrnehmung der Intensität in einer bestimmten Einschätzung der Größe der Ursache, d.h. einer bestimmten Qualität der Wirkung: es ist, wie die schottischen Philosophen sagen würden, eine erworbene Wahrnehmung. Im zweiten Fall geben wir der größeren oder kleineren Anzahl einfacher psychischer Phänomene, von denen wir annehmen, dass sie am Grundzustand beteiligt sind, den Namen Intensität: Es handelt sich nicht mehr

So wird die Intensität (1) in repräsentativen Zuständen durch eine Schätzung des Ausmaßes der Ursache beurteilt (2) in affektiven Zuständen durch die Vielzahl der beteiligten psychischen Phänomene.

um eine *erworbene* Wahrnehmung, sondern um eine *verworrene* Wahrnehmung. In der Tat vermischen sich diese beiden Bedeutungen des Wortes gewöhnlich, weil die einfacheren Phänomene, die an einem Gefühl oder einer Anstrengung beteiligt sind, im Allgemeinen repräsentativ sind, und weil die meisten repräsentativen Zustände, die gleichzeitig affektiv sind, selbst eine Vielzahl elementarer psychischer Phänomene umfassen. Der Begriff der Intensität befindet sich also an der Kreuzung zweier Ströme, von denen der eine von außen die Vorstellung einer umfassenden Größe mit sich bringt, während der andere von innen, nämlich aus den Tiefen des Bewusstseins, das Bild einer inneren Mannigfaltigkeit mit sich bringt. Nun geht es darum, festzustellen, worin das letztere Bild besteht, ob es dasselbe ist wie das der Zahl, oder ob es ganz anders ist als diese. Im folgenden Kapitel werden wir die Bewusstseinszustände nicht mehr isoliert voneinander betrachten, sondern in ihrer konkreten Vielheit, insofern sie sich in reiner Dauer entfalten. Und so wie wir gefragt haben, welche Intensität eine repräsentative Empfindung hätte, wenn wir nicht die Idee ihrer Ursache in sie einführen würden, so werden wir nun zu fragen haben, was die Vielheit unserer inneren Zustände wird, welche Form die Dauer annimmt, wenn der Raum, in dem sie sich entfaltet, eliminiert wird . Diese zweite Frage ist noch wichtiger als die erste. Denn wenn sich die Verwechslung von Qualität und Quantität auf jedes einzelne Bewusstseinsphänomen beschränken würde, würde sie, wie wir gerade gesehen haben, eher zu Unklarheiten als zu Problemen führen. Aber indem sie in die Reihe unserer psychischen Zustände eindringt, indem sie den Raum in unsere Wahrnehmung der Dauer einführt, verdirbt sie an ihrer Quelle unser Gefühl für äußere und innere Veränderung, für Bewegung und Freiheit. Daher die Paradoxien der Eleaten, daher das Problem des freien Willens. Wir werden eher auf dem zweiten Punkt beharren; aber anstatt zu versuchen, die Frage zu lösen, werden wir den Fehler derer aufzeigen, die sie stellen.

---

[1] *Essays,* (Bibliotheksausgabe, 1891), Bd. ii, S. 381.

[2] Die Sinne und der Intellekt, 4. Aufl., (1894), S. 79.

[3] Grundzüge der Physiologischen Psychologie, 2. Aufl. (1880), Bd. i, S. 375.

[4] W. James, Le sentiment de l'effort (Critique philosophique, 1880, Vol. ii), vgl. Principles of Psychology, (1891), Vol. ii, chap, xxvi.

[5] Funktionen des Gehirns, 2. Aufl. (1886), S. 386.

[6] Handbuch der Physiologischen Optik, 1. Aufl. (1867), S. 600-601.

[7] Le mécanisme de l'attention. Alcan, 1888.

[8] Der Ausdruck der Gefühle, 1. Aufl., (1872), S. 74.

[9] "Was ist eine Emotion?" *Mind,* 1884, S. 189.

[10] Prinzipien der Psychologie, 3. Aufl., (1890), Bd. i, S. 482.

[11] The Expression of the Emotions, 1. Auflage, S. 78.

[12] L'homme et l'intelligence, S. 36.

[13] Ebd. S. 37.

[14] Ebd. S. 43.

[15] The Expression of the Emotions, 1. Auflage, S. 72, 69, 70.

[16] C. Féré, *Sensation et Mouvement.* Paris, 1887.

[17] Grundzüge der Physiologischen Psychologie, 2. Aufl., (1880), Bd. ii, S. 437.

[18] "Über den Temperatursinn", *Geist,* 1885.

[19] Rood, *Moderne Chromatik,* (1879), S. 181-187.

[20] Handbuch der Physiologischen Optik, 1. Aufl. (1867), S. 318-319.

[21] Éléments de psychophysique. Paris, 1883.

[22] Siehe den Bericht über diese Experimente in der *Revue philosophique,* 1887, Bd. i, S. 71, und Bd. ii, S. 180.

[23] Éléments de psychophysique, S. 61, 69.

[24] In dem besonderen Fall, in dem wir ohne Einschränkung das Webersche Gesetz $\Delta E/E = const.$ zulassen, ergibt *die* Integration $S = C \log. E/Q$. wobei Q eine Konstante ist. Dies ist das "logarithmische Gesetz" von Fechner.

[25] In letzter Zeit wurde angenommen, dass ΔS proportional zu S ist.

[26] *Revue scientifique,* 13. März und 24. April 1875.

KAPITEL II - DIE VIELFÄLTIGKEIT DER BEWUSSTSEINSZUSTÄNDE[1]

DIE IDEE DER DAUER

Die Zahl kann ganz allgemein als eine Sammlung von Einheiten definiert werden, oder, genauer gesagt, als die Synthese aus dem Einen und dem Vielen. Jede Zahl ist eine, da sie dem Verstand durch eine einfache Intuition vor Augen geführt und mit einem Namen versehen wird; aber die Einheit, die ihr anhaftet, ist die einer Summe, sie umfasst eine Vielzahl von Teilen, die getrennt betrachtet werden können. Ohne diese Vorstellungen von Einheit und Vielheit vorläufig gründlich untersuchen zu wollen, wollen wir uns fragen, ob die Idee der Zahl nicht auch die Darstellung von etwas anderem impliziert.

Was ist eine Zahl?

Es reicht nicht aus zu sagen, dass die Zahl eine Ansammlung von Einheiten ist; wir müssen hinzufügen, dass diese Einheiten miteinander identisch sind, oder zumindest, dass sie als identisch angenommen werden, wenn man sie zählt. Zweifellos können wir die Schafe einer Herde zählen und sagen, dass es fünfzig sind, obwohl sie sich alle voneinander unterscheiden und vom Hirten leicht erkannt werden können: aber der Grund dafür ist, dass wir uns in diesem Fall darauf einigen, ihre individuellen Unterschiede zu vernachlässigen und nur das zu berücksichtigen, was sie gemeinsam haben. Sobald wir dagegen unsere Aufmerksamkeit auf die besonderen Merkmale von Gegenständen oder Individuen richten, können wir zwar eine Aufzählung vornehmen, aber keine Gesamtheit. Wir befinden uns an diesen beiden sehr unterschiedlichen Standpunkten, wenn wir die Soldaten eines Bataillons zählen und wenn wir die Zählung vornehmen. Daraus können wir schließen,

Die Einheiten, aus denen eine Zahl besteht, müssen identisch sein.

dass die Idee der Zahl die einfache Vorstellung einer Vielzahl von Teilen oder Einheiten impliziert, die absolut gleich sind.

Und doch müssen sie sich irgendwie voneinander unterscheiden, denn sonst würden sie zu einer Einheit verschmelzen. Nehmen wir an, dass alle Schafe der Herde identisch sind; sie unterscheiden sich zumindest durch die

Position, die sie im Raum einnehmen, sonst würden sie keine Herde bilden. Aber lassen wir einmal die fünfzig Schafe selbst beiseite und behalten wir nur die Vorstellung von ihnen. Entweder wir fassen sie alle in ein und dasselbe Bild ein, woraus sich zwangsläufig ergibt, dass wir sie in einem idealen Raum nebeneinander stellen, oder wir wiederholen fünfzigmal hintereinander das Bild eines einzigen, und in diesem Fall scheint es in der Tat so zu sein, dass die Reihe eher in der Dauer als im Raum liegt. Aber wir werden bald herausfinden, dass das nicht so sein kann. Denn wenn wir uns jedes der Schafe der Herde nacheinander und einzeln vorstellen, haben wir es nie mit mehr als einem einzigen Schaf zu tun. Damit die Zahl der Schafe in dem Maße zunimmt, wie wir vorankommen, müssen wir die aufeinanderfolgenden Bilder beibehalten und sie neben jede neue Einheit stellen, die wir uns vorstellen: Eine solche Gegenüberstellung findet im Raum statt und nicht in der reinen Dauer. Es ist in der Tat leicht einzusehen, dass das Zählen von materiellen Objekten bedeutet, alle diese Objekte zusammen zu denken, sie also im Raum zu lassen. Aber begleitet diese Intuition des Raumes jede Vorstellung von der Zahl, selbst von einer abstrakten Zahl?

Jeder kann diese Frage beantworten, indem er unter die verschiedenen Formen durchgeht, die die Idee der Zahl für ihn seit seiner Kindheit angenommen hat. Man wird sehen, dass wir uns anfangs z. B. eine Reihe von Kugeln vorstellten, dass diese Kugeln dann zu Punkten wurden und schließlich dieses Bild selbst verschwand und, wie wir sagen, nichts als die *abstrakte* Zahl zurückließ. Aber in diesem Augenblick hörten wir auf, ein

Bild oder auch nur eine Vorstellung davon zu haben; wir behielten nur das Symbol, das zum Rechnen notwendig ist und das die konventionelle Art ist, die Zahl *auszudrücken*. Denn wir können getrost behaupten, dass 12 die Hälfte von 24 ist, ohne an die Zahl 12 oder 24 zu denken; ja, was das schnelle Rechnen betrifft, so haben wir alles gewonnen, wenn wir es nicht tun. Sobald wir uns aber eine *Zahl vorstellen* wollen und nicht nur Zahlen oder Worte, sind wir gezwungen, auf ein erweitertes Bild zurückzugreifen. Was in diesem Punkt zu Missverständnissen führt, scheint die Gewohnheit zu sein, in der Zeit und nicht im Raum zu zählen. Um uns zum Beispiel die Zahl 50 vorzustellen, wiederholen wir alle Zahlen, beginnend mit der Eins, und wenn wir bei der fünfzigsten angekommen sind, glauben wir, die Zahl in der Dauer und nur in der Dauer aufgebaut zu haben. Und es besteht kein Zweifel, dass wir auf diese Weise Momente der Dauer und nicht Punkte im Raum gezählt haben; aber die Frage ist, ob wir die Momente der Dauer nicht mit Hilfe von Punkten im Raum gezählt haben. Es ist gewiss möglich, in der Zeit, und nur in der Zeit , eine Abfolge wahrzunehmen, die nichts anderes ist als eine Abfolge, aber keine Addition, d.h. eine Abfolge, die in einer Summe gipfelt. Denn wenn wir zu einer Summe gelangen, indem wir eine Folge von verschiedenen Begriffen in Betracht ziehen, so ist es doch notwendig, dass jeder dieser Begriffe bestehen bleibt, wenn wir zum nächsten übergehen, und sozusagen darauf wartet, zu den anderen hinzugefügt zu werden: wie könnte er warten, wenn er nichts als ein Augenblick der Dauer wäre? Und wo könnte er warten, wenn wir ihn nicht im Raum lokalisieren würden? Wir fixieren unwillkürlich jeden der Momente, die wir zählen, an einem Punkt im Raum, und nur unter dieser Bedingung können die abstrakten Einheiten eine Summe bilden. Zweifellos ist es möglich, wie wir später zeigen werden, die aufeinanderfolgenden Momente der Zeit unabhängig vom Raum zu denken; aber wenn wir zu dem gegenwärtigen Moment die ihm vorangegangenen addieren, wie es bei der Addition von Einheiten der Fall ist, haben wir es nicht mit diesen Momenten selbst zu tun, da sie für immer verschwunden sind, sondern mit den bleibenden Spuren, die sie auf ihrem Weg durch den Raum hinterlassen zu haben scheinen. Es ist wahr, dass wir im Allgemeinen auf dieses mentale Bild verzichten und dass es, nachdem wir es für die ersten zwei oder drei Zahlen verwendet haben, ausreicht zu wissen, dass es genauso gut für die mentale Vorstellung der anderen dienen würde, wenn wir es bräuchten. Aber jede klare Vorstellung von der Zahl impliziert ein visuelles Bild im Raum; und die direkte Untersuchung der Einheiten, die eine diskrete Vielheit bilden, wird uns in diesem Punkt zu demselben Ergebnis führen wie die Untersuchung der Zahl selbst.

Jede Zahl ist eine Sammlung von Einheiten, wie wir gesagt haben, und andererseits ist jede Zahl selbst eine Einheit, insofern sie eine Synthese der Einheiten ist, aus denen sie besteht. Aber wird das Wort Einheit in beiden Fällen in demselben Sinne verstanden? Wenn wir behaupten, die Zahl sei eine Einheit, so verstehen wir darunter, dass wir das Ganze durch eine einfache und unteilbare Intuition des Geistes beherrschen; diese Einheit schließt also eine Vielheit ein, da sie die Einheit eines Ganzen ist. Wenn wir aber von den Einheiten sprechen, die die Zahl bilden, denken wir nicht mehr an diese Einheiten als Summen, sondern als reine, einfache, nicht reduzierbare Einheiten, die durch einen unendlich fortgesetzten Prozess der Akkumulation die natürliche Reihe der Zahlen ergeben sollen. Es scheint also zwei Arten von Einheiten zu geben, eine endgültige, aus der durch einen Additionsprozess eine Zahl gebildet wird, und eine vorläufige, die so gebildete Zahl, die in sich selbst mehrfach ist und ihre Einheit der Einfachheit des Aktes verdankt, durch den der Verstand sie wahrnimmt. Zweifellos glauben wir, wenn wir uns die Einheiten vorstellen, aus denen sich die Zahl zusammensetzt, dass wir an unteilbare Bestandteile denken: Diese Überzeugung hat viel mit der Vorstellung zu tun, dass es möglich ist, die Zahl unabhängig vom Raum zu denken. Bei näherer Betrachtung werden wir jedoch sehen, dass alle Einheit die Einheit eines einfachen Aktes des Geistes ist, und dass es, da es sich um einen Akt der Vereinigung handelt, eine gewisse Vielheit geben muss, um sie zu vereinigen. Zweifellos betrachte ich

Alle Einheit ist die Einheit eines einfachen Aktes des Geistes. Eine Einheit, die nur teilbar ist, weil sie als im Raum ausgedehnt betrachtet wird.

auf in dem Augenblick, in dem ich jede dieser Einheiten getrennt denke, diese als unteilbar, da ich entschlossen bin, nur an ihre Einheit zu denken. Aber sobald ich sie beiseite lege, um zur nächsten überzugehen, vergegenständliche ich sie und mache sie dadurch zu einem Ding, d.h. zu einer Vielheit. Um sich davon zu überzeugen, genügt es, sich zu vergegenwärtigen, dass die Einheiten, aus denen die Arithmetik die Zahlen bildet, *vorläufige* Einheiten sind, die unbegrenzt unterteilt werden können, und dass jede von ihnen die Summe von Teilmengen ist, die so klein und so zahlreich sind, wie wir es uns vorstellen können. Wie könnte man die Einheit unterteilen, wenn sie hier jene letzte Einheit wäre, die einen einfachen Akt des Geistes kennzeichnet? Wie könnten wir sie in Bruchteile zerlegen und gleichzeitig ihre Einheit bekräftigen, wenn wir sie nicht implizit als ein ausgedehntes Objekt betrachten würden, eins in der Intuition, aber vielfach im Raum? Aus einer Idee, die man gebildet hat, wird man nie etwas herausbekommen, was man nicht in sie hineingelegt hat; und wenn die Einheit, durch die man seine Zahl bildet, die Einheit eines Aktes und nicht eines Gegenstandes ist, wird keine Anstrengung der Analyse etwas anderes als die reine und einfache Einheit hervorbringen. Wenn du die Zahl 3 mit der Summe 1 + 1 + 1 gleichsetzt, hindert dich nichts daran, die Einheiten, aus denen sie sich zusammensetzt, als unteilbar zu betrachten: aber der Grund dafür ist, dass du dich nicht dafür entscheidest, von der Vielheit Gebrauch zu machen, die in jeder dieser Einheiten enthalten ist. In der Tat ist es wahrscheinlich, dass die Zahl 3 zuerst diese einfachere Form annimmt, weil wir eher an die Art und Weise denken, wie wir sie erhalten haben, als an den Gebrauch, den wir von ihr machen könnten. Aber wir erkennen bald, dass, während jede Multiplikation die Möglichkeit impliziert, jede beliebige Zahl als vorläufige Einheit zu behandeln, die zu sich selbst addiert werden kann, umgekehrt die Einheiten ihrerseits echte Zahlen sind, die so groß sind, wie wir wollen, aber als vorläufig unteilbar betrachtet werden, um sie miteinander zu verbinden. Nun zeigt schon das Eingeständnis, dass man die Einheit in beliebig viele Teile zerlegen kann, dass man sie als erweitert betrachtet.

Denn wir müssen verstehen, was mit dem Begriff der Zahl gemeint ist. Es lässt sich nicht leugnen, dass die Bildung oder Konstruktion einer Zahl eine Diskontinuität impliziert. Mit anderen Worten, wie wir oben bemerkten, scheint jede der Einheiten, mit denen wir die Zahl 3 bilden, unteilbar zu sein, *während* wir uns mit ihr beschäftigen, und wir gehen abrupt von einer zur anderen über. Bilden wir wiederum dieselbe Zahl mit Hälften, mit Vierteln, mit irgendwelchen Einheiten, so bilden diese Einheiten, soweit sie zur Bildung der genannten Zahl dienen, immer noch Elemente, die vorläufig unteilbar sind, und wir gehen immer ruckartig, sozusagen durch plötzliche Sprünge, von der einen zur anderen über. Der Grund dafür ist, dass wir, um eine Zahl zu erhalten, gezwungen sind, unsere Aufmerksamkeit nacheinander auf jede der Einheiten zu richten, aus denen sie zusammengesetzt ist. Die Unteilbarkeit des Aktes, durch den wir eine beliebige von ihnen begreifen, wird dann in Form eines mathematischen Punktes dargestellt, der von dem folgenden Punkt durch ein Raumintervall getrennt ist. Aber während eine Reihe von mathematischen Punkten, die im leeren Raum angeordnet sind, ziemlich gut den Prozess ausdrückt, durch den wir die Idee der Zahl bilden, haben diese mathematischen Punkte die Tendenz, sich zu Linien zu entwickeln, sobald unsere Aufmerksamkeit von ihnen abgelenkt wird, als ob sie versuchen würden, sich wieder miteinander zu vereinen. Und wenn wir die Zahl in ihrem fertigen Zustand betrachten, ist diese Vereinigung eine vollendete Tatsache: Die Punkte sind zu Linien geworden, die Trennungen sind ausgelöscht, das Ganze weist alle Merkmale der Kontinuität auf. Deshalb kann die Zahl, obwohl wir sie nach einem bestimmten Gesetz gebildet haben, nach jedem beliebigen System aufgeteilt werden. Mit einem Wort, wir müssen zwischen der Einheit, an die wir denken, und der Einheit, die wir als Objekt aufstellen, nachdem wir an sie gedacht haben, unterscheiden, wie auch zwischen der Zahl im Prozess der Bildung und der einmal gebildeten Zahl. Die Einheit ist irreduzibel, während wir sie denken, und die Zahl ist diskontinuierlich, während wir sie aufbauen;

aber sobald wir die Zahl in ihrem fertigen Zustand betrachten, objektivieren wir sie, und sie erscheint dann als unbegrenzt teilbar. In der Tat bezeichnen wir das, was vollständig und hinreichend bekannt zu sein scheint, als *subjektiv*, und das, was bekannt ist, als *objektiv, und zwar* so, dass eine ständig wachsende Zahl neuer Eindrücke an die Stelle der Vorstellung treten könnte, die wir tatsächlich von ihr haben . So wird ein komplexes Gefühl eine ziemlich große Zahl einfacher Elemente enthalten; aber solange diese Elemente nicht mit vollkommener Klarheit hervortreten, können wir nicht sagen, dass sie vollständig realisiert wurden, und sobald das Bewusstsein eine deutliche Wahrnehmung von ihnen hat, wird sich der psychische Zustand, der aus ihrer Synthese resultiert, aus diesem Grund verändert haben. Aber die allgemeine Erscheinung eines Körpers ändert sich nicht, wie auch immer er gedanklich analysiert wird, denn diese verschiedenen Analysen und unendlich viele andere sind bereits in dem geistigen Bild, das wir uns von dem Körper machen, sichtbar, auch wenn sie nicht realisiert werden: diese tatsächliche und nicht nur virtuelle Wahrnehmung von Unterteilungen in dem, was ungeteilt ist, ist genau das, was wir Objektivität nennen. Es wird dann leicht, die genaue Rolle zu bestimmen, die das Subjektive und das Objektive in der Idee der Zahl spielen. Was dem Verstand zukommt, ist der unteilbare Prozess, durch den er die Aufmerksamkeit nacheinander auf die verschiedenen Teile eines gegebenen Raumes konzentriert; aber die so isolierten Teile bleiben, um sich mit den anderen zu verbinden, und wenn die Verbindung einmal hergestellt ist, können sie auf jede beliebige Weise zerlegt werden. Sie sind also Teile des Raumes, und der Raum ist demnach das Material, mit dem der Verstand die Zahl aufbaut, das Medium, in das er sie stellt.

Genau genommen ist es die Arithmetik, die uns lehrt, die Einheiten, aus denen die Zahl besteht, unbegrenzt aufzuteilen. Der gesunde Menschenverstand ist sehr geneigt, die Zahl aus unteilbaren Einheiten aufzubauen. Daraus folgt, dass die Zahl eigentlich als ein Nebeneinander im Raum *gedacht ist.*

Und das ist leicht zu verstehen, denn die vorläufige Einfachheit der Bestandteile ist genau das, was sie dem

Geist verdanken, und dieser achtet mehr auf seine eigenen Handlungen als auf das Material, an dem er arbeitet. Die Wissenschaft beschränkt sich hier darauf, unsere Aufmerksamkeit auf dieses Material zu lenken: wenn wir die Zahl nicht schon im Raum lokalisieren würden, würde es der Wissenschaft sicher nicht gelingen, sie dorthin zu übertragen. Wir müssen also von Anfang an an die Zahl als ein Nebeneinander im Raum gedacht haben. Zu diesem Schluss kamen wir zunächst, indem wir uns auf die Tatsache stützten, dass jede Addition eine Vielzahl von gleichzeitig wahrgenommenen Teilen impliziert.

Wenn man nun diese Vorstellung von der Zahl akzeptiert, wird man feststellen, dass nicht alles auf dieselbe Weise gezählt wird und dass es zwei sehr unterschiedliche Arten von Vielheit gibt. Wenn wir von materiellen Objekten sprechen, beziehen wir uns auf die Möglichkeit, sie zu sehen und zu berühren; wir lokalisieren sie im Raum. In diesem Fall ist keine Anstrengung des Erfindungsvermögens oder der symbolischen Darstellung nötig, um sie zu zählen; wir müssen sie nur zunächst getrennt und dann gleichzeitig in dem Medium denken, in dem sie unserer Beobachtung unterliegen. Dies ist nicht mehr der Fall, wenn wir rein affektive psychische Zustände oder sogar mentale Bilder betrachten, die nicht durch Sehen und Tasten entstehen. Da hier die Begriffe nicht mehr räumlich gegeben sind, scheint es *a priori*, dass wir sie kaum zählen können, es sei denn durch einen Prozess der symbolischen Darstellung. In der Tat sind wir uns einer solchen Darstellung sehr wohl bewusst, wenn wir es mit Empfindungen zu tun haben, deren Ursache offensichtlich im Raum angesiedelt ist. So haben wir, wenn wir ein Geräusch von Schritten auf der Straße hören, eine verwirrte Vorstellung von jemandem, der dort entlanggeht: jedes der aufeinanderfolgenden Geräusche wird dann an einem Punkt im Raum lokalisiert, wo der Passant möglicherweise auftritt: wir zählen unsere Empfindungen genau in dem Raum, in dem sich ihre greifbaren

Zwei Arten von Multiplizität: (1) materielle Objekte, die im Raum gezählt werden; (2) Bewusstseinszustände, die nicht zählbar sind, es sei denn, sie werden symbolisch im Raum dargestellt.

Ursachen befinden. Vielleicht zählen manche Menschen die aufeinanderfolgenden Schläge einer weit entfernten Glocke auf ähnliche Weise, ihre Vorstellungskraft stellt sich das Kommen und Gehen der Glocke vor; diese räumliche Art der Vorstellung reicht für die ersten beiden Einheiten aus, und die anderen folgen ganz natürlich. Aber die meisten Menschen gehen nicht auf diese Weise vor. Sie ordnen die aufeinanderfolgenden Töne in einem idealen Raum an und stellen sich dann vor, dass sie sie in reiner Dauer zählen. Doch wir müssen uns in diesem Punkt klar sein. Die Töne der Glocke erreichen mich sicherlich nacheinander; aber eine von zwei Alternativen muss zutreffen. Entweder ich behalte jede dieser aufeinanderfolgenden Empfindungen, um sie mit den anderen zu kombinieren und eine Gruppe zu bilden, die mich an eine mir bekannte Luft oder einen Rhythmus erinnert: In diesem Fall *zähle ich* die Töne nicht, sondern beschränke mich darauf, sozusagen den qualitativen Eindruck zu sammeln, den die ganze Reihe hervorruft. Oder ich beabsichtige ausdrücklich, sie zu zählen, und dann muss ich sie trennen, und diese Trennung muss in einem homogenen Medium stattfinden, in dem die Klänge, ihrer Qualitäten beraubt und gewissermaßen entleert, Spuren ihrer Anwesenheit hinterlassen, die absolut gleich sind. Die Frage ist nun, ob dieses Medium die Zeit oder der Raum ist. Aber ein Moment der Zeit, wiederholen wir, kann nicht fortbestehen, um zu anderen hinzugefügt zu werden. Wenn die Klänge voneinander getrennt sind, müssen sie leere Intervalle zwischen sich lassen. Wenn wir sie zählen, müssen die Intervalle bestehen bleiben, auch wenn die Töne verschwinden: Wie könnten diese Intervalle bestehen bleiben, wenn sie reine Dauer und nicht Raum wären? Es ist also der Raum, in dem die Operation stattfindet. Sie wird in der Tat immer schwieriger, je weiter wir in die Tiefen des Bewusstseins vordringen. Hier sehen wir uns mit einer verwirrenden Vielfalt von Empfindungen und Gefühlen konfrontiert, die nur die Analyse unterscheiden kann. Ihre Zahl ist identisch mit der Zahl der Momente, die wir beim Zählen aufnehmen; aber diese Momente sind, da sie sich zueinander addieren lassen, wiederum Punkte im Raum. Unsere endgültige Schlussfolgerung ist also, dass es zwei Arten von Vielheit gibt: die der materiellen Objekte, auf die der Begriff der Zahl unmittelbar anwendbar ist, und die Vielheit der Bewusstseinszustände, die ohne Hilfe einer symbolischen Darstellung, deren notwendiges Element der *Raum ist,* nicht als numerisch betrachtet werden können.

In der Tat unterscheidet jeder von uns zwischen diesen beiden Arten der Vielheit, wenn er von der Undurchdringlichkeit der Materie spricht. Manchmal stellen wir die Undurchdringlichkeit als eine grundlegende Eigenschaft der Körper dar, die wir auf dieselbe Weise kennen und auf dieselbe Stufe stellen wie z. B. das Gewicht oder den Widerstand. Aber eine rein negative Eigenschaft dieser Art lässt sich nicht mit den Sinnen erfassen; ja, bestimmte Experimente beim Mischen und Kombinieren von Dingen könnten uns dazu verleiten, sie in Frage zu stellen, wenn wir uns nicht bereits in diesem Punkt festgelegt hätten. Versuchen wir uns einen Körper vorzustellen, der in einen anderen eindringt, so werden wir sofort annehmen, dass es in dem einen leere Räume gibt, die von den Teilchen des anderen eingenommen werden; diese Teilchen können ihrerseits nicht ineinander eindringen, es sei denn, dass sich eines von ihnen teilt, um die Zwischenräume des anderen auszufüllen; und unser Denken wird diesen Vorgang unendlich verlängern, anstatt sich zwei Körper an demselben Ort vorzustellen. Wäre nun die Undurchdringlichkeit wirklich eine sinnlich wahrnehmbare Eigenschaft der Materie, so ist nicht einzusehen, warum es uns schwerer fallen sollte, uns zwei ineinander übergehende Körper vorzustellen als eine widerstandslose Oberfläche oder eine schwerelose Flüssigkeit. In Wirklichkeit ist es keine physikalische, sondern eine logische Notwendigkeit, die mit dem Satz verbunden ist: "Zwei Körper können nicht zur gleichen Zeit den gleichen Ort einnehmen". Die gegenteilige Behauptung enthält eine Absurdität, die durch keine denkbare Erfahrung ausgeräumt werden kann.

Mit einem Wort, sie impliziert einen Widerspruch. Aber läuft das nicht darauf hinaus, anzuerkennen, dass die Idee der Zahl 2, oder allgemeiner gesagt, jeder beliebigen Zahl, die Idee des Nebeneinanderstellens im Raum beinhaltet? Wenn die Undurchdringlichkeit im Allgemeinen als eine Eigenschaft der Materie betrachtet wird, so liegt das daran, dass die Idee der Zahl als unabhängig von der Idee des Raumes angesehen wird. Wir glauben also, dass wir der Vorstellung von zwei oder mehr Objekten etwas hinzufügen, wenn wir sagen, dass sie nicht denselben Platz einnehmen können: als ob die Vorstellung der Zahl 2, selbst der abstrakten Zahl, nicht schon, wie wir gezeigt haben, die von zwei verschiedenen Positionen im Raum wäre! Die Behauptung der Undurchdringlichkeit der Materie ist also nichts anderes als die Anerkennung des Zusammenhangs zwischen den Begriffen der Zahl und des Raumes, sie ist die Feststellung einer Eigenschaft der Zahl und nicht der Materie.-Ja, zweifellos; aber gerade weil sie sich gegenseitig durchdringen, können wir sie nicht zählen, es sei denn, wir stellen sie durch homogene Einheiten dar, die getrennte Positionen im Raum einnehmen und sich folglich nicht mehr gegenseitig durchdringen. Die Undurchdringlichkeit tritt also gleichzeitig mit der Zahl in Erscheinung; und wenn wir diese Eigenschaft der Materie zuschreiben, um sie von allem zu unterscheiden, was nicht Materie ist, so geben wir damit lediglich in anderer Form die oben getroffene Unterscheidung zwischen ausgedehnten Objekten, auf die der Begriff der Zahl unmittelbar anwendbar ist, und Bewusstseinszuständen wieder, die zunächst einmal symbolisch im Raum dargestellt werden müssen.

Es ist ratsam, bei dem letzten Punkt zu verweilen. Wenn wir, um Bewusstseinszustände zu zählen, diese symbolisch im Raum darstellen müssen, ist es dann nicht wahrscheinlich, dass diese symbolische Darstellung die normalen Bedingungen der inneren Wahrnehmung verändert? Erinnern wir uns an das, was wir vor kurzem über die Intensität bestimmter psychischer Zustände gesagt haben. Eine repräsentative Empfindung ist, für sich

> Homogene Zeit als Medium, in dem Bewusstseinszustände diskrete Reihen bilden. Diese Zeit ist nichts anderes als Raum, und reine Dauer ist etwas anderes.

betrachtet, eine reine Qualität; aber durch das Medium der Ausdehnung betrachtet, wird diese Qualität in gewissem Sinne zur Quantität und wird Intensität genannt. In gleicher Weise ist unsere Projektion unserer psychischen Zustände in den Raum, um eine diskrete Vielheit zu bilden, geeignet, diese Zustände selbst zu beeinflussen und ihnen im reflektierenden Bewusstsein eine neue Form zu geben, die ihnen die unmittelbare Wahrnehmung nicht zugewiesen hat. Beachten wir nun, dass wir, wenn wir von *Zeit* sprechen, im Allgemeinen an ein homogenes Medium denken, in dem unsere Bewusstseinszustände wie im Raum nebeneinander angeordnet sind, um eine diskrete Vielheit zu bilden. Wäre die so verstandene Zeit für die Vielfalt unserer psychischen Zustände nicht das, was die Intensität für bestimmte von ihnen ist, ein Zeichen, ein Symbol, das sich von der wahren Dauer absolut unterscheidet? Bitten wir das Bewusstsein, sich von der Außenwelt zu isolieren und durch eine kräftige Anstrengung der Abstraktion wieder zu sich selbst zu werden. Wir werden ihm dann folgende Frage stellen: Hat die Vielheit unserer Bewusstseinszustände die geringste Ähnlichkeit mit der Vielheit der Einheiten einer Zahl? Hat die wahre Dauer etwas mit dem Raum zu tun? Gewiss, unsere Analyse der Idee der Zahl konnte uns nicht umhin, an dieser Analogie zu zweifeln, um nicht mehr zu sagen. Denn wenn die Zeit, wie das reflektierende Bewusstsein sie darstellt, ein Medium ist, in dem unsere Bewusstseinszustände eine diskrete Reihe bilden, so dass sie gezählt werden können, und wenn andererseits unsere Vorstellung von der Zahl darauf hinausläuft, alles, was direkt gezählt werden kann, im Raum auszubreiten, so ist anzunehmen, dass die Zeit, verstanden im Sinne eines Mediums, in dem wir Unterscheidungen treffen und zählen, nichts anderes ist als Raum. Was diese Meinung bestätigt, ist, dass wir gezwungen sind, die Bilder, mit denen wir beschreiben, was das reflektierende Bewusstsein über die Zeit und sogar über die Abfolge empfindet, dem Raum zu entlehnen; daraus folgt, dass die reine Dauer etwas anderes sein muss. Das sind die Fragen, zu denen wir durch die Analyse des Begriffs der diskreten Vielheit veranlasst wurden. Aber wir können sie nur durch eine direkte Untersuchung der Ideen von Raum und Zeit in ihren gegenseitigen Beziehungen erhellen.

Wir werden die Frage nach der absoluten Realität des Raums nicht zu sehr betonen: Vielleicht könnten wir genauso gut fragen, ob der Raum im Raum ist oder nicht. Kurz gesagt, unsere Sinne nehmen die Qualitäten von Körpern und den Raum zusammen mit ihnen wahr ( ): Die große Schwierigkeit scheint darin zu bestehen, herauszufinden, ob die Ausdehnung ein Aspekt dieser physischen Qualitäten ist - eine Qualität der Qualität - oder ob diese Qualitäten im Wesentlichen nicht ausgedehnt sind und der Raum erst später hinzukommt, aber eigenständig ist und ohne sie existiert. Bei der ersten Hypothese würde der Raum auf eine Abstraktion oder, richtiger gesagt, auf einen Ausschnitt reduziert werden; er würde das gemeinsame Element ausdrücken, das bestimmte, als repräsentativ bezeichnete Empfindungen besitzen. Im zweiten Fall wäre der Raum eine ebenso feste Realität wie die Empfindungen selbst, wenn auch von anderer Ordnung. Die genaue Formulierung dieser letzteren Auffassung verdanken wir Kant: Die Theorie, die er in der Transzendentalen Ästhetik ausarbeitet, besteht darin, dem Raum eine von seinem Inhalt unabhängige Existenz zu verleihen, das, was jeder von uns *de facto* trennt, als *de jure* trennbar festzulegen und die Ausdehnung nicht als eine Abstraktion wie die anderen zu betrachten. In dieser Hinsicht unterscheidet sich die kantische Raumauffassung weniger von der landläufigen Meinung, als man sich gewöhnlich vorstellt. Weit davon entfernt, unseren Glauben an die Realität des Raumes zu erschüttern, hat Kant gezeigt, was er tatsächlich bedeutet, und hat ihn sogar gerechtfertigt.

Im Übrigen scheint die von Kant gegebene Lösung seit seiner Zeit nicht ernsthaft angefochten worden zu sein: Sie hat sich vielmehr, manchmal ohne ihr Wissen, der Mehrheit derjenigen aufgedrängt, die sich dem Problem neu genähert haben, seien es Nativisten oder Empiristen. Die Psychologen sind sich darin einig, der nativistischen Erklärung Johann Müllers einen kantischen Ursprung zuzuschreiben; aber Lottes Hypothese der lokalen Zeichen, Bains Theorie und die umfassendere Erklärung

> Existiert der Raum unabhängig von seinem Inhalt, wie Kant meinte?

> Die Empiristen stimmen mit Kant überein, denn die Ausdehnung kann nicht aus der Synthese von nicht ausgedehnten Empfindungen ohne einen Akt des Geistes resultieren.

Wundts scheinen auf den ersten Blick völlig unabhängig von der Transzendentalen Ästhetik. Die Autoren dieser Theorien scheinen in der Tat das Problem der Natur des Raumes beiseite gelassen zu haben, um einfach zu untersuchen, durch welchen Prozess unsere Empfindungen dazu kommen, im Raum verortet und sozusagen nebeneinander gestellt zu werden: aber gerade diese Frage zeigt, dass sie die Empfindungen als nicht umfangreich betrachten und genau wie Kant eine radikale Unterscheidung zwischen der Materie der Darstellung und ihrer Form machen. Die Schlussfolgerung, die aus den Theorien von Lotze und Bain und aus Wundts Versuch, sie miteinander in Einklang zu bringen, zu ziehen ist, lautet, dass die Empfindungen, durch die wir den Begriff des Raumes bilden, selbst nicht ausgedehnt und einfach qualitativ sind: Die Ausdehnung soll sich aus ihrer Synthese ergeben, wie Wasser aus der Verbindung zweier Gase. Die empirischen oder genetischen Erklärungen haben also das Problem des Raumes genau dort aufgegriffen, wo Kant es verlassen hat: Kant trennte den Raum von seinem Inhalt: die Empiriker fragen, wie diese Inhalte, die durch unser Denken aus dem Raum herausgenommen werden, wieder zurückkommen können. Es ist wahr, dass sie die Tätigkeit des Verstandes scheinbar außer Acht gelassen haben, und dass sie offensichtlich geneigt sind, die ausgedehnte Form, unter der wir die Dinge darstellen, als durch eine Art Bündnis der Empfindungen miteinander hervorgebracht zu betrachten: der Raum soll, ohne aus den Empfindungen herausgelöst zu sein, aus ihrer Koexistenz entstehen. Wie aber lässt sich ein solches Entstehen ohne das aktive Eingreifen des Geistes erklären? Das Ausgedehnte unterscheidet sich durch die Hypothese vom Unausgedehnten: und selbst wenn man annimmt, dass die Ausdehnung nichts anderes ist als eine Beziehung zwischen unausgedehnten Begriffen, so muss diese Beziehung doch von einem Geist hergestellt werden, der fähig ist, mehrere Begriffe auf diese Weise miteinander zu verbinden. Es ist sinnlos, das Beispiel der chemischen Verbindungen anzuführen, bei denen das Ganze von selbst eine Form und Eigenschaften anzunehmen scheint, die keinem der Elementaratome zu eigen waren. Diese Form und diese Eigenschaften verdanken ihren Ursprung nur der Tatsache, dass wir die Vielzahl der Atome in einer einzigen Wahrnehmung zusammenfassen: Schafft man den Verstand ab, der diese Synthese durchführt, so verschwinden auch die Eigenschaften, d.h. der Aspekt, unter dem sich die Synthese der Elementarteile unserem Bewusstsein präsentiert. So bleiben die unausgedehnten Empfindungen, was sie sind, nämlich unausgedehnte Empfindungen, wenn man ihnen nichts hinzufügt. Damit aus ihrem Nebeneinander ein Raum entsteht, muss es einen Akt des Verstandes geben, der sie alle gleichzeitig aufnimmt und nebeneinander stellt: Dieser einmalige Akt ist dem sehr ähnlich, was Kant eine *apriorische* Form der Empfindung nennt.

Versuchen wir nun, diesen Akt zu charakterisieren, so sehen wir, dass er im Wesentlichen in der Intuition, oder vielmehr in der Vorstellung eines leeren homogenen Mediums besteht. Denn eine andere Definition des Raumes ist kaum möglich: Der Raum ist das, was es uns ermöglicht, eine Reihe von identischen und gleichzeitigen Empfindungen voneinander zu unterscheiden; er ist also ein anderes Unterscheidungsprinzip als das der qualitativen Unterscheidung, und folglich ist er eine Realität ohne Qualität. Man kann mit den Anhängern der

> Dieser Akt besteht in der Intuition eines leeren, homogenen Mediums, das vielleicht nur dem Menschen eigen ist und von den Tieren nicht geteilt wird.

Theorie der lokalen Zeichen sagen, dass gleichzeitige Empfindungen niemals identisch sind und dass es aufgrund der Verschiedenheit der organischen Elemente, auf die sie einwirken, keine zwei Punkte einer homogenen Oberfläche gibt, die beim Sehen oder Tasten denselben Eindruck machen. Wir sind durchaus bereit, dies zuzugeben, denn wenn diese beiden Punkte auf uns in gleicher Weise wirken würden, gäbe es keinen Grund, einen von ihnen rechts und einen links zu platzieren. Aber gerade weil wir diesen Qualitätsunterschied im Nachhinein im Sinne eines Situationsunterschieds interpretieren, folgt daraus, dass wir eine klare Vorstellung von einem homogenen Medium haben müssen, d.h. von einer Gleichzeitigkeit von Begriffen, die zwar qualitativ identisch, aber doch voneinander verschieden sind. Je mehr man auf dem Unterschied zwischen den Eindrücken, die zwei Punkte einer homogenen Fläche auf unserer Netzhaut hinterlassen, beharrt, desto mehr macht man damit der Tätigkeit des Geistes Platz, der unter der Form der extensiven Homogenität wahrnimmt, was ihm als qualitative Heterogenität gegeben wird. Auch wenn die Darstellung eines homogenen Raumes aus einer Anstrengung des Verstandes erwächst, so muss es doch in den Eigenschaften selbst, die zwei Empfindungen unterscheiden, einen Grund geben, warum sie diese oder jene bestimmte Position im Raum einnehmen. Wir müssen also zwischen der Wahrnehmung der Ausdehnung und der Vorstellung des Raumes unterscheiden: Sie sind zweifellos ineinander enthalten, aber je höher wir auf der Skala der intelligenten Wesen steigen, desto deutlicher treffen wir auf die unabhängige Vorstellung eines homogenen Raumes. Es ist daher zweifelhaft, ob die Tiere die Außenwelt so wahrnehmen wie wir, und vor allem, ob sie die Außenwelt auf dieselbe Weise darstellen wie wir. Naturforscher haben die erstaunliche Leichtigkeit, mit der viele Wirbeltiere und sogar einige Insekten ihren Weg durch den Raum finden, als bemerkenswerte Tatsache hervorgehoben. Es ist beobachtet worden, dass Tiere fast geradlinig zu ihrem alten Zuhause zurückkehren und dabei einen ihnen bis dahin unbekannten Weg über eine Entfernung von mehreren hundert Kilometern einschlagen. Man hat versucht, dieses Richtungsgefühl durch Sehen oder Riechen zu erklären, und in jüngerer Zeit durch die Wahrnehmung magnetischer Ströme, die es dem Tier ermöglichen würden, sich wie ein lebender Kompass zu orientieren. Dies läuft darauf hinaus, dass der Raum für das Tier nicht so homogen ist wie für uns, und dass die Raum- oder Richtungsbestimmungen für es keine rein geometrische Form annehmen. Jede dieser Richtungen mag ihm mit ihrer eigenen Schattierung, ihrer besonderen Qualität erscheinen. Wir werden verstehen, wie eine solche Wahrnehmung möglich ist, wenn wir uns daran erinnern, dass wir selbst durch ein natürliches Gefühl unsere rechte von unserer linken Seite unterscheiden, und dass diese beiden Teile unserer eigenen Ausdehnung uns dann so erscheinen, als ob sie eine unterschiedliche *Qualität* hätten; in der Tat ist dies der Grund, warum wir keine richtige Definition von rechts und links geben können. In Wahrheit gibt es überall in der Natur qualitative Unterschiede, und ich sehe nicht ein, warum zwei konkrete Richtungen in der unmittelbaren Wahrnehmung nicht ebenso ausgeprägt sein sollten wie zwei Farben. Aber die Vorstellung eines leeren, homogenen Mediums ist etwas viel Außergewöhnlicheres, da sie eine Art Reaktion gegen die Heterogenität darstellt, die der Grund unserer Erfahrung ist. Anstatt also zu sagen, dass Tiere einen besonderen Richtungssinn haben, können wir genauso gut sagen, dass Menschen eine besondere Fähigkeit haben, einen Raum ohne Qualität wahrzunehmen oder zu begreifen. Diese Fähigkeit ist nicht die Fähigkeit zur Abstraktion: Wenn wir nämlich feststellen, dass die Abstraktion saubere Unterscheidungen und eine Art Äußerlichkeit der Begriffe oder ihrer Symbole in Bezug aufeinander voraussetzt, werden wir feststellen, dass die Fähigkeit zur Abstraktion bereits die Vorstellung eines homogenen Mediums impliziert. Wir haben es also mit zwei verschiedenen Arten von Wirklichkeit zu tun, einer heterogenen, nämlich der der sinnlichen Qualitäten, und einer homogenen, nämlich dem Raum. Letztere, vom menschlichen Intellekt klar erfasst, ermöglicht es uns, saubere Unterscheidungen zu treffen, zu zählen, zu abstrahieren und vielleicht auch zu sprechen.

Wenn nun der Raum als das Homogene zu definieren ist, scheint es, dass umgekehrt jedes homogene und unbegrenzte Medium Raum ist. Denn da die Homogenität hier in der Abwesenheit jeder Eigenschaft besteht, ist es schwer zu erkennen, wie zwei Formen des Homogenen voneinander unterschieden werden könnten. Dennoch ist man allgemein damit einverstanden, die Zeit als ein unbegrenztes Medium zu betrachten, das sich vom Raum unterscheidet, aber wie dieser homogen ist: das Homogene soll also zwei Formen annehmen, je nachdem sein Inhalt nebeneinander besteht oder aufeinander folgt. Wenn wir die Zeit zu einem homogenen Medium machen, in dem sich die Bewusstseinszustände entfalten, nehmen wir sie zwar als auf einmal gegeben an, was darauf hinausläuft, dass wir sie von der Dauer abstrahieren. Diese einfache Überlegung sollte uns warnen, dass wir damit unwissentlich auf den Raum zurückgreifen und in Wirklichkeit die Zeit aufgeben. Außerdem können

> Die Zeit, insofern sie ein homogenes Medium und keine konkrete Dauer ist, ist auf den Raum reduzierbar.

wir verstehen, dass die materiellen Gegenstände, die einander und uns selbst äußerlich sind, beide Äußerlichkeiten von der Homogenität eines Mediums ableiten, das Intervalle zwischen sie einfügt und ihre Umrisse hervorhebt; aber die Bewusstseinszustände, auch wenn sie aufeinander folgen, durchdringen einander, und in dem einfachsten von ihnen kann sich die ganze Seele widerspiegeln. Wir können daher vermuten, dass die Zeit, die in Form eines homogenen Mediums aufgefasst wird, ein falscher Begriff ist, der darauf zurückzuführen ist, dass die Idee des Raumes in den Bereich des reinen Bewusstseins eingedrungen ist. Auf jeden Fall können wir nicht zwei Formen des Homogenen, Zeit und Raum, zulassen, ohne zuerst zu prüfen, ob nicht eine von ihnen auf die andere reduziert werden kann. Die Äußerlichkeit ist das Unterscheidungsmerkmal der Dinge, die den Raum einnehmen, während die Bewusstseinszustände einander nicht wesentlich äußerlich sind, sondern erst durch die Ausbreitung in der Zeit, die als homogenes Medium betrachtet wird, dazu werden. Wenn also eine dieser beiden vermeintlichen Formen des Homogenen, nämlich Zeit und Raum, aus der anderen abgeleitet ist, kann man *a priori* vermuten, dass die Idee des Raumes das grundlegende Datum ist. Aber die Philosophen, die versucht haben, eine dieser Ideen auf die andere zu reduzieren, haben sich von der scheinbaren Einfachheit der Idee der Zeit täuschen lassen und dachten, sie könnten aus der Dauer eine Ausdehnung machen. Indem wir zeigen, wie sie in die Irre geführt wurden, werden wir feststellen, dass die Zeit, die in Form eines unbegrenzten und homogenen Mediums gedacht wird, nichts anderes ist als das Gespenst des Raums, das im reflektierenden Bewusstsein spukt.

Die englische Schule versucht in der Tat, die Beziehungen der Ausdehnung auf mehr oder weniger komplexe Beziehungen der zeitlichen Abfolge zu reduzieren. Wenn wir mit geschlossenen Augen mit den Händen über eine Fläche streichen, liefern die Reibung unserer Finger an der Fläche und vor allem das vielfältige Spiel unserer Gelenke eine Reihe von Empfindungen, die sich nur durch ihre *Eigenschaften* unterscheiden und die eine bestimmte

Irrtum bei dem Versuch, die Beziehungen der Extensität aus denen der Sukzession abzuleiten. Der Begriff der reinen "Dauer".

zeitliche Abfolge aufweisen. Außerdem lehrt uns die Erfahrung, dass diese Reihe umgekehrt werden kann, dass wir durch eine Anstrengung anderer Art (oder, wie wir es später nennen werden, *in entgegengesetzter Richtung)* dieselben Empfindungen in umgekehrter Reihenfolge erneut erhalten können: Lagebeziehungen im Raum könnten dann als umkehrbare Beziehungen der zeitlichen Abfolge definiert werden. Aber eine solche Definition beinhaltet einen Teufelskreis, oder zumindest eine sehr oberflächliche Vorstellung von Zeit. In der Tat gibt es, wie wir später zeigen werden, zwei mögliche Vorstellungen von Zeit: die eine ist frei von jeglicher Legierung, die andere bringt heimlich die Idee des Raumes ein. Die reine Dauer ist die Form, die die Abfolge unserer Bewusstseinszustände annimmt, wenn unser Ich sich *leben* lässt, wenn es darauf verzichtet, seinen gegenwärtigen Zustand von seinen früheren Zuständen zu trennen. Dazu braucht es nicht ganz in der vorübergehenden Empfindung oder Idee aufzugehen; denn dann würde es im Gegenteil nicht mehr *bestehen.* Es genügt, dass es bei der Erinnerung an diese Zustände diese nicht wie einen Punkt neben einen anderen neben seinen gegenwärtigen Zustand stellt, sondern dass es die vergangenen und die gegenwärtigen Zustände zu einem organischen Ganzen zusammenfügt, wie es geschieht, wenn wir die Noten einer Melodie erinnern, die sozusagen ineinander verschmelzen. Könnte man nicht sagen, dass diese Töne, auch wenn sie aufeinander folgen, dennoch ineinander wahrgenommen werden und dass ihre Gesamtheit mit einem Lebewesen verglichen werden kann, dessen Teile, obwohl sie verschieden sind, sich gegenseitig durchdringen, gerade weil sie so eng miteinander verbunden sind? Der Beweis dafür ist, dass, wenn wir den Rhythmus unterbrechen, indem wir länger als nötig auf einer Note der Melodie verweilen, nicht ihre übertriebene Länge als Länge uns vor unserem Fehler warnt, sondern die qualitative Veränderung, die dadurch in der gesamten musikalischen Phrase verursacht wird. Auf diese Weise können wir die Abfolge ohne Unterscheidung begreifen und sie als eine gegenseitige Durchdringung, eine Verbindung und Organisation von Elementen betrachten, von denen jedes das Ganze repräsentiert und nur durch

80

abstraktes Denken unterschieden oder davon isoliert werden kann. So würde ein Wesen, das immer dasselbe ist und sich ständig verändert, und das keine Vorstellung vom Raum hat, die Dauer beschreiben. Da wir aber mit der letzteren Idee vertraut sind und von ihr bedrängt werden, führen wir sie unbewusst in unser Gefühl der reinen Sukzession ein; wir stellen unsere Bewusstseinszustände so nebeneinander, dass wir sie gleichzeitig wahrnehmen, nicht mehr ineinander, sondern nebeneinander; mit einem Wort, wir projizieren die Zeit in den Raum, wir drücken die Dauer in Begriffen der Ausdehnung aus, und die Sukzession nimmt so die Form einer ununterbrochenen Linie oder einer Kette an, deren Teile sich berühren, ohne sich gegenseitig zu durchdringen. Man beachte, dass das auf diese Weise geformte geistige Bild die Wahrnehmung eines *Vorher* und *Nachher* impliziert, das nicht mehr sukzessiv, sondern simultan ist, und dass es ein Widerspruch wäre, eine Sukzession anzunehmen, die nur eine Sukzession wäre, und die dennoch in ein und demselben Augenblick enthalten wäre. Wenn wir nun von einer *Ordnung* der Sukzession in der Dauer und von der Umkehrbarkeit dieser Ordnung sprechen, ist die Sukzession, mit der wir es zu tun haben, eine reine Sukzession, wie wir sie soeben definiert haben, ohne jede Beimischung von Extensität, oder ist es eine Sukzession, die sich im Raum entwickelt, so dass wir auf einmal eine Anzahl von Elementen aufnehmen können, die sowohl verschieden als auch nebeneinander stehen? An der Antwort besteht kein Zweifel: wir könnten keine *Ordnung* unter den Begriffen einführen, ohne sie zuerst zu unterscheiden und dann die Plätze zu vergleichen, die sie einnehmen; daher müssen wir sie als mehrfach, gleichzeitig und verschieden wahrnehmen; mit einem Wort, wir stellen sie nebeneinander, und wenn wir eine Ordnung in das Sukzessive einführen, so ist der Grund dafür, dass die Sukzession in Gleichzeitigkeit umgewandelt und in den Raum projiziert wird. Kurz gesagt, wenn die Bewegung meines Fingers entlang einer Fläche oder einer Linie mir eine Reihe von Empfindungen unterschiedlicher Qualität vermittelt, geschieht eines von zwei Dingen: Entweder stelle ich mir diese Empfindungen nur als zeitlich begrenzt vor, und in diesem Fall folgen sie einander so, dass ich in einem bestimmten

Augenblick nicht mehrere von ihnen als gleichzeitig und doch verschieden wahrnehmen kann; oder ich erkenne eine Reihenfolge, aber in diesem Fall zeige ich die Fähigkeit, nicht nur eine Folge von Elementen wahrzunehmen, sondern sie auch in eine Reihe zu stellen, nachdem ich sie unterschieden habe: mit einem Wort, ich besitze bereits die Idee des Raumes. Die Vorstellung einer reversiblen Reihe in der Dauer oder auch nur einer bestimmten *Reihenfolge* in der Zeit setzt also selbst die Vorstellung des Raumes voraus und kann nicht dazu dienen, ihn zu definieren.

Um diesem Argument eine strengere Form zu geben, stellen wir uns eine gerade Linie von unbegrenzter Länge vor, und auf dieser Linie einen materiellen Punkt A, der sich bewegt. Wenn dieser Punkt sich seiner selbst bewusst wäre, würde er sich verändern, da er sich bewegt: er würde eine Folge wahrnehmen; aber würde diese Folge für ihn die Form einer Linie annehmen? Zweifellos würde er das, wenn er sich sozusagen über die Linie erheben könnte, die er durchläuft, und gleichzeitig mehrere Punkte davon nebeneinander wahrnehmen könnte: aber dadurch würde er die Idee des Raumes bilden, und es ist im Raum und nicht in der reinen Dauer, dass er die Veränderungen, die er erfährt, angezeigt sehen würde. Hier liegt der Fehler derjenigen, die die reine Dauer als etwas dem Raum Ähnliches, aber Einfacheres ansehen. Sie lieben es, psychische Zustände nebeneinander zu stellen, eine Kette oder eine Linie von ihnen zu bilden, und bilden sich nicht ein, dass sie in diese Operation die Idee des Raumes im eigentlichen Sinne einführen, die Idee des Raumes in seiner Gesamtheit, weil der Raum ein Medium mit drei Dimensionen ist. Wie könnten sie aber übersehen, dass es, um eine Linie als Linie wahrzunehmen, notwendig ist, eine Position außerhalb der Linie einzunehmen, die Leere, die sie umgibt, zu berücksichtigen und folglich einen dreidimensionalen Raum zu denken? Wenn unser bewusster Punkt A noch nicht die Idee des Raumes besitzt - und das ist die Hypothese, auf die wir uns geeinigt haben -, kann die Abfolge der Zustände, die er durchläuft, für ihn nicht die Form einer Linie annehmen; aber seine

> Die Sukzession kann nicht durch eine Linie symbolisiert werden, ohne die Idee eines dreidimensionalen Raums einzuführen.

Empfindungen werden sich dynamisch zueinander addieren und sich organisieren, wie die aufeinanderfolgenden Töne einer Melodie, durch die wir uns einlullen und beruhigen lassen. Mit einem Wort, die reine Dauer könnte nichts anderes sein als eine Abfolge von qualitativen Veränderungen, die ineinander übergehen und sich gegenseitig durchdringen, ohne genaue Umrisse, ohne die Tendenz, sich im Verhältnis zueinander zu externalisieren, ohne jegliche Zugehörigkeit zur Zahl: es wäre reine Heterogenität. Es genügt, wenn wir gezeigt haben, dass man von dem Augenblick an, wo man der Dauer die geringste Homogenität zuschreibt, heimlich den Raum einführt.

Es stimmt, dass wir die aufeinanderfolgenden Momente der Dauer zählen, und dass uns die Zeit aufgrund ihrer Beziehung zur Zahl zunächst als eine messbare Größe erscheint, genau wie der Raum. Aber hier ist eine wichtige Unterscheidung zu treffen. Wenn ich z.B. sage, dass gerade eine Minute verstrichen ist, so meine ich damit, dass ein Pendel, das die Sekunden schlägt, sechzig Schwingungen vollzogen hat. Wenn ich mir diese sechzig Schwingungen durch eine einzige geistige Wahrnehmung auf einmal vorstelle, schließe ich die Vorstellung einer Aufeinanderfolge durch Hypothese aus. Ich denke nicht an sechzig aufeinander folgende Striche, sondern an sechzig Punkte auf einer festen Linie, von denen jeder sozusagen eine Schwingung des Pendels symbolisiert. Will ich mir dagegen diese sechzig Schwingungen nacheinander vorstellen, ohne jedoch die Art und Weise ihrer Entstehung im Raum zu verändern, so bin ich gezwungen, mir jede Schwingung unter Ausschluss der Erinnerung an die vorhergehende vorzustellen, da der Raum keine Spur von ihr bewahrt hat; aber damit verurteile ich mich dazu, für immer in der Gegenwart zu bleiben; ich gebe den Versuch auf, eine Folge oder eine Dauer zu denken. Wenn ich nun endlich die Erinnerung an die vorangegangene Schwingung zusammen mit dem Bild der gegenwärtigen Schwingung behalte, wird eines von zwei Dingen geschehen. Entweder werde ich die beiden Bilder nebeneinander stellen, und wir fallen dann auf unsere erste Hypothese zurück, oder ich werde das eine im anderen wahrnehmen, wobei jedes das andere durchdringt und sich wie die Töne einer Melodie organisiert, um das zu bilden, was wir eine kontinuierliche oder qualitative Mannigfaltigkeit nennen werden, die keine Ähnlichkeit mit der Zahl hat. Auf diese Weise erhalte ich das Bild der reinen Dauer; aber ich habe mich völlig von der Vorstellung eines homogenen Mediums oder einer messbaren Menge befreit. Wenn wir unser Bewusstsein genau untersuchen, werden wir erkennen, dass es so vorgeht, wenn es davon absieht, die Dauer symbolisch darzustellen. Wenn die regelmäßigen Schwingungen des Pendels uns schläfrig machen, ist es dann der letzte gehörte Ton, die letzte wahrgenommene Bewegung, die diese Wirkung hervorruft? Nein, zweifellos nicht, denn warum sollte nicht auch die erste Schwingung diese Wirkung haben? Ist es die Erinnerung an die vorangegangenen Töne oder Bewegungen, die dem letzten gegenübergestellt werden? Aber diese gleiche Erinnerung, wenn sie später einem einzigen Ton oder einer einzigen Bewegung gegenübergestellt wird, bleibt ohne Wirkung. Wir müssen also zugeben , dass die Klänge sich miteinander verbanden und nicht durch ihre Quantität als Quantität wirkten, sondern durch die Qualität, die ihre Quantität aufwies, d.h. durch die rhythmische Organisation des Ganzen. Könnte die Wirkung einer leichten, aber kontinuierlichen Stimulation anders verstanden werden? Wenn die Empfindung immer dieselbe bliebe, wäre sie unendlich leicht und unendlich erträglich. Tatsache ist aber, dass jede Reizsteigerung in die vorangegangenen Reize aufgenommen wird und dass das Ganze auf uns die Wirkung einer musikalischen Phrase hat, die ständig im Begriff ist, zu enden, und die in ihrer Gesamtheit ständig durch das Hinzufügen einer neuen Note verändert wird. Wenn wir behaupten, dass es sich immer um *dieselbe* Empfindung handelt, so liegt das daran, dass wir nicht an die Empfindung selbst denken, sondern an ihre objektive Ursache, die im Raum liegt. Wir setzen sie dann ihrerseits in den Raum, und anstelle eines sich entwickelnden Organismus, anstelle von sich gegenseitig durchdringenden Veränderungen nehmen wir ein und dieselbe Empfindung wahr, die sich sozusagen in die Länge zieht und sich grenzenlos neben sich selbst stellt. Die reine Dauer, das, was das Bewußtsein wahrnimmt, muß also zu den sogenannten intensiven Größen gerechnet werden, wenn man Intensitäten Größen nennen kann: streng genommen ist sie aber keine Größe, und sobald wir sie zu messen versuchen, ersetzen wir sie unbewußt durch den Raum.

Aber es fällt uns außerordentlich schwer, uns die Dauer in ihrer ursprünglichen Reinheit vorzustellen; das liegt, , zweifellos daran, dass wir nicht allein *fortbestehen*, sondern dass äußere Objekte, wie es scheint, ebenso *fortbestehen* wie wir, und die Zeit, von diesem Standpunkt aus betrachtet, hat den Anschein eines homogenen Mediums. Nicht nur scheinen die Momente dieser Dauer einander äußerlich zu sein, wie Körper im Raum, sondern die von unseren Sinnen wahrgenommene Bewegung ist gewissermaßen das greifbare Zeichen einer homogenen und messbaren Dauer. Mehr noch, die Zeit geht in die Formeln der Mechanik, in die Berechnungen des Astronomen und sogar des Physikers in Form einer Größe ein. Wir messen die Geschwindigkeit einer Bewegung, was impliziert, dass die Zeit selbst eine Größe ist. Die Analyse, die wir soeben versucht haben, muss vervollständigt werden, denn wenn die Dauer im eigentlichen Sinne nicht gemessen werden kann, was ist es dann, das durch die Schwingungen des Pendels gemessen wird? Zwar ist die vom Bewusstsein wahrgenommene innere Dauer nichts anderes als das Verschmelzen von Bewusstseinszuständen und das allmähliche Wachsen des Ichs, doch wird man sagen, dass die Zeit, die der Astronom in seine Formeln einführt, die Zeit, die unsere Uhren in gleiche Teile teilen, dass diese Zeit wenigstens etwas anderes ist: sie muss eine messbare und daher homogene Größe sein, was sie aber nicht ist, und eine genaue Untersuchung wird diese letzte Illusion zerstreuen.

Wenn ich mit meinen Augen auf dem Zifferblatt einer Uhr die Bewegung des Zeigers verfolge, die den Schwingungen des Pendels entspricht, messe ich nicht die Dauer, wie man zu glauben scheint, sondern zähle nur die Gleichzeitigkeiten, was etwas ganz anderes ist. Außerhalb von mir, im Raum, gibt es nie mehr als eine einzige

Stellung des Zeigers und des Pendels, denn von den vergangenen Stellungen ist nichts übrig geblieben. In mir selbst findet ein Prozess der Organisation oder Durchdringung von Bewusstseinszuständen statt, der die wahre Dauer ausmacht. Weil ich auf diese Weise *aushalte*, stelle ich mir vor, was ich die vergangenen Schwingungen des Pendels nenne, während ich gleichzeitig die gegenwärtige Schwingung wahrnehme. Ziehen wir nun für einen Moment das Ich zurück, das diese so genannten aufeinanderfolgenden Schwingungen denkt: Es wird nie mehr als eine einzige Schwingung, ja nur eine einzige Position des Pendels geben, und damit keine Dauer. Zieht man dagegen das Pendel und seine Schwingungen zurück, so gibt es nichts mehr als die heterogene Dauer des Ichs, ohne äußere Momente, ohne Bezug zur Zahl. Innerhalb unseres Ichs gibt es also eine Sukzession ohne gegenseitige Äußerlichkeit; außerhalb des Ichs, im reinen Raum, eine gegenseitige Äußerlichkeit ohne Sukzession: gegenseitige Äußerlichkeit, da die gegenwärtige Schwingung radikal von der vorhergehenden, nicht mehr existierenden Schwingung unterschieden ist; aber keine Sukzession, da die Sukzession nur für einen bewussten Betrachter existiert, der die Vergangenheit in im Kopf behält und die beiden Schwingungen oder ihre Symbole in einem Hilfsraum nebeneinander stellt. Zwischen dieser Sukzession ohne Äußerlichkeit und dieser Äußerlichkeit ohne Sukzession findet nun eine Art Austausch statt, ganz ähnlich dem, was die Physiker das Phänomen der Endosmose nennen. Da die aufeinanderfolgenden Phasen unseres Bewusstseinslebens, obwohl sie sich gegenseitig durchdringen, einzeln einer Pendelschwingung entsprechen, die gleichzeitig stattfindet, und da diese Schwingungen außerdem scharf voneinander unterschieden werden, gewöhnen wir uns an, dieselbe Unterscheidung zwischen den aufeinanderfolgenden Momenten unseres Bewusstseinslebens aufzustellen: die Pendelschwingungen zerlegen es sozusagen in Teile, die einander äußerlich sind: daher die irrige Vorstellung einer homogenen inneren Dauer, ähnlich dem Raum, dessen Momente identisch sind und aufeinander folgen, ohne einander zu durchdringen. Die Pendelschwingungen hingegen, die sich nur dadurch unterscheiden, dass die eine verschwunden ist, wenn die andere auftritt, profitieren gleichsam von dem Einfluss, den sie auf diese Weise auf unser bewusstes Leben ausgeübt haben. Dank der Tatsache, dass unser Bewusstsein sie als Ganzes im Gedächtnis organisiert hat, werden sie zunächst bewahrt und dann in einer Reihe angeordnet: Mit einem Wort, wir schaffen für sie eine vierte Dimension des Raumes, die wir homogene Zeit nennen und die es ermöglicht, die Bewegung des Pendels, obwohl sie an einem Punkt stattfindet, ständig in neben sich selbst zu stellen. Wenn wir nun versuchen, die genaue Rolle zu bestimmen, die das Reale und das Imaginäre in diesem sehr komplexen Prozess spielen, so finden wir Folgendes. Es gibt einen realen Raum ohne Dauer, in dem die Phänomene gleichzeitig mit unseren Bewusstseinszuständen erscheinen und verschwinden. Es gibt eine reale Dauer, deren heterogene Momente sich gegenseitig durchdringen; jeder Moment kann jedoch mit einem Zustand der Außenwelt in Beziehung gesetzt werden, der gleichzeitig mit ihm auftritt, und kann als Folge eben dieses Prozesses von den anderen Momenten getrennt werden. Der Vergleich dieser beiden Wirklichkeiten führt zu einer symbolischen Darstellung der Dauer, die vom Raum abgeleitet ist. Die Dauer nimmt so die illusorische Form eines homogenen Mediums an, und das Bindeglied zwischen diesen beiden Begriffen, Raum und Dauer, ist die Gleichzeitigkeit, die man als Schnittpunkt von Zeit und Raum definieren könnte.

Wenn wir den Begriff der Bewegung, das lebendige Symbol dieser scheinbar homogenen Dauer, auf dieselbe Weise analysieren, werden wir zu einer Unterscheidung der gleichen Art geführt. Wir sagen im Allgemeinen, dass sich eine Bewegung *im* Raum abspielt, und wenn wir behaupten, dass die Bewegung homogen und teilbar ist, denken wir an den durchquerten Raum, als ob er mit der Bewegung selbst austauschbar wäre. Wenn wir nun weiter darüber nachdenken, werden wir sehen, dass die aufeinanderfolgenden Positionen des sich bewegenden Körpers tatsächlich den Raum einnehmen, dass aber der Prozess, durch den er von einer Position zur anderen gelangt, ein Prozess, der die Dauer einnimmt und der außer für einen bewussten Betrachter keine Realität hat, sich dem Raum entzieht. Wir haben es hier nicht mit einem *Gegenstand*, sondern mit einem *Vorgang zu tun*: Die Bewegung, insofern sie ein Übergang von einem Punkt zum anderen ist, ist eine geistige Synthese, ein psychischer und daher nicht ausgedehnter Prozess. Der Raum enthält nur Teile des Raumes, und an welchem Punkt des Raumes wir den sich bewegenden Körper auch immer betrachten, wir werden nur eine Position erhalten. Wenn das Bewusstsein mehr als nur Positionen wahrnimmt, dann deshalb, weil es die aufeinanderfolgenden Positionen im Gedächtnis behält und sie synthetisiert. Wie aber führt es eine solche Synthese durch? Es kann nicht durch ein erneutes Aufstellen derselben Positionen in einem homogenen Medium geschehen, denn eine erneute Synthese wäre notwendig, um die Positionen miteinander zu verbinden, und so geht es unendlich weiter. Wir sind also gezwungen zuzugeben, dass wir es hier mit einer sozusagen qualitativen Synthese zu tun haben, einer allmählichen Organisation unserer aufeinanderfolgenden Empfindungen, einer Einheit, die der einer Phrase in einer Melodie ähnelt. Das ist genau die Vorstellung, die wir uns von der Bewegung machen, wenn wir an sie selbst denken, wenn wir sozusagen aus der Bewegung die Beweglichkeit herausnehmen. Denken Sie daran, was Sie erleben, wenn Sie plötzlich eine Sternschnuppe wahrnehmen: Bei dieser extrem schnellen Bewegung gibt es eine natürliche und instinktive Trennung zwischen dem durchquerten Raum, der Ihnen in Form einer Feuerlinie erscheint, und der absolut unteilbaren Empfindung der Bewegung oder Beweglichkeit. Eine schnelle Geste, die mit geschlossenen Augen ausgeführt wird, nimmt für das Bewusstsein die Form einer rein qualitativen Empfindung an, solange man nicht an den durchquerten Raum denkt. Mit einem Wort, in der Bewegung sind zwei Elemente zu unterscheiden: der durchquerte Raum und der Akt, mit dem wir ihn durchqueren, die aufeinanderfolgenden Positionen und die Synthese dieser Positionen. Das erste dieser Elemente ist eine homogene Quantität; das zweite hat keine Realität außer in einem Bewusstsein: es ist eine Qualität oder eine Intensität, je nachdem, was man vorzieht. Aber auch hier haben wir es mit einem Fall von Endosmose zu tun, einer Vermischung der rein intensiven Empfindung der Mobilität mit der extensiven Darstellung des durchquerten Raums. Einerseits schreibt man der Bewegung die Teilbarkeit des Raumes zu, den sie durchquert, und vergisst dabei, dass es durchaus möglich ist, einen *Gegenstand* zu teilen, nicht aber einen *Akt*: und andererseits gewöhnt man sich daran, diesen Akt selbst in den Raum zu projizieren, ihn auf die gesamte Linie anzuwenden, die der sich bewegende Körper durchquert, mit einem Wort, ihn zu verfestigen: als ob diese Lokalisierung eines *Fortschritts* im Raum nicht darauf hinausliefe zu behaupten, dass auch außerhalb des Bewusstseins die Vergangenheit zusammen mit der Gegenwart existiert!

Auf diese Verwechslung von Bewegung und durchquertem Raum sind die Paradoxien der Eleaten zurückzuführen; denn das Intervall, das zwei Punkte trennt, ist unendlich teilbar, und wenn die Bewegung aus Teilen bestünde, die denen des Intervalls selbst entsprechen, würde das Intervall niemals durchquert werden. In Wahrheit aber ist jeder Schritt des Achilles ein

> Die allgemeine Verwechslung von Bewegung und durchquertem Raum führt zu den Paradoxien der Eleaten.

einfacher, unteilbarer Akt, und nach einer bestimmten Anzahl dieser Akte wird Achilles die Schildkröte überholt haben. Der Irrtum der Eleaten rührt daher, dass sie diese Reihe von Handlungen, von denen jede *von einer bestimmten Art* und *unteilbar* ist, mit dem homogenen Raum, der ihnen zugrunde liegt, gleichsetzen. Da dieser Raum nach jedem beliebigen Gesetz geteilt und wieder zusammengefügt werden kann, halten sie es für gerechtfertigt, die gesamte Bewegung des Achilles nicht mit der Art des Schrittes des Achilles, sondern mit der Art der Schildkröte zu rekonstruieren: An die Stelle des Achilles, der die Schildkröte verfolgt, setzen sie in Wirklichkeit zwei Schildkröten, die sich gegenseitig regulieren, zwei Schildkröten, die sich einig sind, die gleiche Art von Schritten oder gleichzeitigen Handlungen zu machen, um sich niemals gegenseitig zu fangen. Warum übertrifft Achilles die Schildkröte? Weil jeder Schritt des Achilles und jeder Schritt der Schildkröte untrennbare Handlungen sind, soweit es sich um Bewegungen handelt, und unterschiedliche Größen, soweit es sich um den

Raum handelt: so dass die Addition bald eine größere Länge für den von Achilles durchlaufenen Raum ergibt als die Addition des von der Schildkröte durchlaufenen Raums und des Handicaps, mit dem sie gestartet ist. Das ist es, was Zeno außer Acht lässt, wenn er die Bewegung von Achilles nach demselben Gesetz rekonstruiert wie die Bewegung der Schildkröte, wobei er vergisst, dass allein der Raum beliebig geteilt und wieder zusammengesetzt werden kann, und somit den Raum mit der Bewegung verwechselt. Daher halten wir es nicht für nötig, auch nach der scharfen und tiefgründigen Analyse eines zeitgenössischen Denkers zuzugeben,[2] dass das Zusammentreffen der beiden sich bewegenden Körper eine Diskrepanz zwischen realer und imaginärer Bewegung, zwischen dem *Raum an sich* und dem unendlich teilbaren Raum, zwischen konkreter Zeit und abstrakter Zeit impliziert. Wozu eine noch so ausgeklügelte metaphysische Hypothese über die Natur von Raum, Zeit und Bewegung aufstellen, wenn uns die unmittelbare Intuition zeigt, dass die Bewegung innerhalb der Dauer und die Dauer außerhalb des Raumes liegt? Es ist nicht nötig, eine Grenze für die Teilbarkeit des konkreten Raums anzunehmen; wir können zugeben, dass er unendlich teilbar ist, vorausgesetzt, dass wir einen Unterschied machen zwischen den gleichzeitigen Positionen der beiden sich bewegenden Körper, die sich tatsächlich im Raum befinden, und ihren Bewegungen, die keinen Raum einnehmen können, da sie eher Dauer als Ausdehnung, Qualität und nicht Quantität sind. Die Geschwindigkeit einer Bewegung zu messen, bedeutet, wie wir sehen werden, einfach, eine Gleichzeitigkeit festzustellen; diese Geschwindigkeit in die Berechnungen einzuführen, bedeutet einfach, ein bequemes Mittel zu benutzen, um eine Gleichzeitigkeit vorauszusehen. So beschränkt sich die Mathematik auf ihr eigenes Gebiet, solange sie damit beschäftigt ist, die gleichzeitigen Positionen von Achilles und der Schildkröte zu einem bestimmten Zeitpunkt zu bestimmen, oder wenn sie *à priori* zugibt, dass sich die beiden bewegten Körper in einem Punkt X treffen - *ein* Treffen, das selbst eine Gleichzeitigkeit ist. Aber sie überschreitet ihre Kompetenzen , wenn sie behauptet, zu rekonstruieren, was im Intervall zwischen zwei Gleichzeitigkeiten geschieht; oder vielmehr wird sie selbst dann unweigerlich

90

dazu verleitet, erneut Gleichzeitigkeiten in Betracht zu ziehen, neue Gleichzeitigkeiten, deren unendlich wachsende Zahl uns eine Warnung sein sollte, dass wir weder Bewegung aus Unbeweglichkeiten noch Zeit aus Raum machen können. Kurzum, so wie man nichts Homogenes in der Dauer finden wird, außer einem symbolischen Medium ohne jegliche Dauer, nämlich dem Raum, in dem die Gleichzeitigkeiten aufgereiht sind, so wird man auch kein homogenes Element in der Bewegung finden, außer dem, was am wenigsten dazu gehört, dem durchquerten Raum, der unbewegt ist.

Gerade deshalb kann sich die Wissenschaft nicht mit der Zeit und der Bewegung befassen, wenn sie nicht zuerst das wesentliche und qualitative Element - die Zeit, die Dauer, und die Bewegung, die Beweglichkeit - ausschließt. Davon können wir uns leicht überzeugen, wenn wir uns ansehen, welche Rolle die Betrachtung von Zeit, Bewegung und Geschwindigkeit in der Astronomie und Mechanik spielt.

> Die Wissenschaft muss die Dauer aus der Zeit und die Mobilität aus der Bewegung eliminieren, bevor sie sich mit ihnen befassen kann.

In den Abhandlungen über die Mechanik wird sorgfältig darauf hingewiesen, dass es nicht darum geht, die Dauer selbst zu definieren, sondern nur die Gleichheit zweier Dauern. "Zwei Zeitintervalle sind gleich, wenn zwei identische Körper, die sich zu Beginn jedes dieser Intervalle in identischen Zuständen befanden und denselben Einwirkungen und Einflüssen jeder Art ausgesetzt waren, am Ende dieser Intervalle denselben Raum durchquert haben." Mit anderen Worten, wir sollen auf den genauen Zeitpunkt notieren, an dem die Bewegung beginnt, d.h. das Zusammentreffen einer äußeren Veränderung mit einem unserer psychischen Zustände; wir sollen den Zeitpunkt notieren, an dem die Bewegung endet, d.h. eine andere Gleichzeitigkeit; schließlich sollen wir den durchquerten Raum messen, das einzige, was wirklich messbar ist. Es geht hier also nicht um die Dauer, sondern nur um den Raum und die Gleichzeitigkeiten. Die Ankündigung, dass etwas am Ende einer Zeit t stattfinden wird, bedeutet, dass das Bewusstsein zwischen jetzt und dann eine Anzahl t von Gleichzeitigkeiten einer bestimmten Art feststellen wird. Und wir dürfen uns nicht von den Worten "zwischen jetzt und dann" in die Irre führen lassen, denn das Intervall der Dauer existiert nur für uns und aufgrund der gegenseitigen Durchdringung unserer Bewusstseinszustände. Dass das Intervall der Dauer selbst von der Wissenschaft nicht berücksichtigt werden kann, beweist die Tatsache, dass, wenn alle Bewegungen des Universums doppelt oder dreifach so schnell abliefen, weder an unseren Formeln noch an den Figuren, die in ihnen zu finden sind, etwas zu ändern wäre. Das Bewusstsein würde einen undefinierbaren und gleichsam qualitativen Eindruck von der Veränderung haben, aber die Veränderung würde sich außerhalb des Bewusstseins nicht bemerkbar machen, da die gleiche Anzahl von Gleichzeitigkeiten im Raum weiter stattfinden würde. Wir werden später sehen, dass der Astronom , wenn er z.B. eine Sonnenfinsternis vorhersagt, etwas in dieser Art tut: er verkürzt unendlich die Intervalle der Dauer, da diese für die Wissenschaft nicht zählen, und nimmt so in sehr kurzer Zeit - höchstens ein paar Sekunden - eine Abfolge von Gleichzeitigkeiten wahr, die für das konkrete Bewusstsein, das gezwungen ist, die Intervalle zu durchleben, anstatt nur ihre Enden zu zählen, mehrere Jahrhunderte in Anspruch nehmen kann.

Eine direkte Analyse des Begriffs der Geschwindigkeit wird uns zu demselben Ergebnis bringen. Die Mechanik erhält diesen Begriff durch eine Reihe von Ideen, deren Zusammenhang sich leicht nachvollziehen lässt. Zunächst wird die Idee der gleichförmigen Bewegung entwickelt, indem man sich einerseits die Bahn AB eines bestimmten bewegten Körpers und andererseits ein physikalisches Phänomen vorstellt, das sich unter den gleichen Bedingungen unendlich oft wiederholt, z. B. einen Stein, der immer aus der gleichen Höhe auf die gleiche Stelle fällt. Markiert man auf der Bahn AB die Punkte M, N, P ..., die der sich bewegende Körper in jedem der Momente erreicht, in denen der Stein den Boden berührt, und stellt man fest, dass die Intervalle AM, MN und NP gleich groß sind, so nennt man die Bewegung gleichförmig: und jedes dieser Intervalle wird als Geschwindigkeit des sich bewegenden Körpers bezeichnet, vorausgesetzt, man einigt sich darauf, als Einheit der Dauer die physikalische Erscheinung zu nehmen, die als

92

Vergleichsbegriff gewählt wurde. Auf diese Weise wird die Geschwindigkeit einer gleichförmigen Bewegung von der Mechanik definiert, ohne sich auf andere Begriffe als die des Raumes und der Gleichzeitigkeit zu berufen. Wenden wir uns nun dem Fall einer variablen Bewegung zu, d. h. dem Fall, in dem die Elemente AM, MN, NP ... als ungleich befunden werden. Um die Geschwindigkeit des sich bewegenden Körpers A im Punkt M zu bestimmen, müssen wir uns nur eine unbegrenzte Anzahl von sich bewegenden Körpern A_1, A_2, A_3 ... vorstellen, die sich alle gleichförmig mit den Geschwindigkeiten v_1, v_2, v_3 ... bewegen, die z.B. in einer aufsteigenden Skala angeordnet sind und allen möglichen Größen entsprechen. Betrachten wir nun auf der Bahn des sich bewegenden Körpers *A* zwei Punkte M' und M", die sich zu beiden Seiten des Punktes M befinden, aber sehr nahe an ihm. Gleichzeitig mit diesem beweglichen Körper, der die Punkte M', M, M" erreicht, erreichen die anderen beweglichen Körper auf ihren jeweiligen Bahnen die Punkte M'$_1$ $_{M1}$ M "$_1$, M'$_2$ $_{M2}$ M "$_2$ ...; und es muss zwei bewegliche Körper Ah und Ap geben, so dass wir einerseits M' M= M'$_h$ $_{Mh}$ und andererseits M M"= $_{Mp}$ M "$_p$ haben. Wir werden dann übereinstimmend sagen, dass die Geschwindigkeit des beweglichen Körpers A im Punkt M zwischen v_h und v_p liegt. Aber nichts hindert uns daran, anzunehmen, dass die Punkte M' und M" noch näher am Punkt M liegen, und es wird dann notwendig sein, v_h und v_p durch zwei neue Geschwindigkeiten v_i und v_n zu ersetzen, *von denen die* eine größer als v_h und die andere kleiner als v_p *ist*. Und in dem Maße, in dem wir die beiden Intervalle M'M und MM" verkleinern, werden wir den Unterschied zwischen den Geschwindigkeiten der entsprechenden gleichförmigen Bewegungen verringern. Da nun die beiden Intervalle in der Lage sind, sich bis auf Null zu verkleinern, gibt es offensichtlich zwischen v_i und v_n eine bestimmte Geschwindigkeit v_m, so dass die Differenz zwischen dieser Geschwindigkeit und v_h, v_i ... einerseits und v_p, v_n ... andererseits kleiner werden kann als irgendeine gegebene Größe. Es ist dieser gemeinsame Grenzwert v_m, den wir als die Geschwindigkeit des bewegten Körpers A im Punkt M bezeichnen werden. Nun geht es bei dieser Analyse der variablen Bewegung wie bei der der gleichförmigen Bewegung nur um einmal durchquerte Räume und um einmal erreichte gleichzeitige Positionen. Wir können also mit Fug und Recht behaupten, dass alles, was die Mechanik von der Zeit behält, die Gleichzeitigkeit ist, während alles, was sie von der Bewegung selbst behält - die ja auf die *Messung* der Bewegung beschränkt ist - die Unbeweglichkeit ist.

Dieses Ergebnis hätte man vorhersehen können, wenn man bedenkt, dass die Mechanik notwendigerweise mit Gleichungen arbeitet und dass eine algebraische Gleichung immer etwas ausdrückt, was bereits getan wurde. Es gehört nun zum Wesen der Dauer und der Bewegung, wie sie unserem Bewusstsein erscheinen, etwas zu sein, das unaufhörlich getan wird; daher kann die Algebra die zu einem bestimmten Zeitpunkt der Dauer erzielten Ergebnisse und die von einem bestimmten bewegten Körper eingenommenen Positionen im Raum darstellen, nicht aber die Dauer und die Bewegung selbst. Die Mathematik kann in der Tat die Zahl der Gleichzeitigkeiten und Positionen, die sie in Betracht zieht, erhöhen, indem sie die Intervalle sehr klein macht: sie kann sogar, indem sie das Differential anstelle der Differenz verwendet, zeigen, dass es möglich ist, die Zahl dieser Intervalle der Dauer unbegrenzt zu erhöhen. Doch wie klein das Intervall auch sein mag, es ist das Ende des Intervalls, an dem sich die Mathematik immer befindet. Was das Intervall selbst, die Dauer und die Bewegung betrifft, so werden sie notwendigerweise aus der Gleichung herausgelassen. Der Grund dafür ist, dass Dauer und Bewegung geistige Synthesen und keine Objekte sind; dass, obwohl der sich bewegende Körper nacheinander Punkte auf einer Linie einnimmt, die Bewegung selbst nichts mit einer Linie zu tun hat; und schließlich, dass, obwohl die Positionen, die der sich bewegende Körper einnimmt, mit den verschiedenen Momenten der Dauer variieren, obwohl er sogar verschiedene Momente durch die bloße Tatsache, dass er verschiedene Positionen einnimmt, schafft, die Dauer, die richtig so genannt wird, keine Momente hat, die identisch oder extern zueinander sind, da sie im Wesentlichen heterogen, kontinuierlich und ohne Analogie zur Zahl ist.

> Die Mechanik befasst sich mit Gleichungen, die etwas Fertiges ausdrücken, und nicht mit Prozessen, wie Dauer und Bewegung.

94

Aus dieser Analyse folgt, dass der Raum allein homogen ist, dass die Objekte im Raum eine diskrete Mannigfaltigkeit bilden und dass jede diskrete Mannigfaltigkeit durch einen Prozess der Entfaltung im Raum entsteht. Daraus folgt auch, dass es im Raum weder Dauer noch gar Sukzession gibt, wenn wir diesen Worten die Bedeutung geben, in der das Bewusstsein sie auffasst:

Jeder der so genannten sukzessiven Zustände der Außenwelt existiert für sich allein; ihre Vielheit ist nur für ein Bewusstsein real, das sie zunächst festhalten und sie dann nebeneinander stellen kann, indem es sie in Beziehung zueinander setzt. Wenn es sie beibehält, dann deshalb, weil diese verschiedenen Zustände der Außenwelt Bewusstseinszustände hervorbringen, die sich gegenseitig durchdringen, sich unmerklich zu einem Ganzen organisieren und durch eben diesen Prozess der Verbindung die Vergangenheit mit der Gegenwart verbinden. Wenn er sie im Verhältnis zueinander veräußerlicht, so deshalb, weil er sie in Anbetracht ihrer radikalen Verschiedenheit (die eine hat aufgehört zu sein, als die andere auf der Bildfläche erschien) in der Form einer diskreten Vielheit wahrnimmt, was darauf hinausläuft, sie in eine Reihe zu stellen, in den Raum, in dem jede von ihnen getrennt existierte. Der Raum, der zu diesem Zweck verwendet wird, ist genau das, was man homogene Zeit nennt.

Aus dieser Analyse ergibt sich aber noch eine andere Schlussfolgerung, nämlich, dass die Vielfalt der Bewusstseinszustände, in ihrer ursprünglichen Reinheit betrachtet, keineswegs der diskreten Vielfalt gleicht, die eine Zahl bildet. In einem solchen Fall gibt es, wie wir sagten, eine qualitative Vielfalt. Kurz, wir müssen zwei Arten von Vielheit, zwei mögliche Bedeutungen des

Wortes "unterscheiden", zwei Auffassungen, die eine qualitativ, die andere quantitativ, vom Unterschied zwischen dem *Gleichen* und dem *Anderen* zulassen. Manchmal enthält diese Vielheit, diese Unterscheidbarkeit, diese Heterogenität die Zahl nur potenziell, wie Aristoteles gesagt hätte. Das

Bewusstsein nimmt dann eine qualitative Unterscheidung vor, ohne weiter darüber nachzudenken, die Qualitäten zu zählen oder sie gar als *mehrere* zu unterscheiden. In einem solchen Fall haben wir eine Vielheit ohne Quantität. Manchmal handelt es sich dagegen um eine Vielzahl von Begriffen, die gezählt werden oder als zählbar gedacht werden; aber wir denken dann an die Möglichkeit, sie in Beziehung zueinander zu setzen, wir stellen sie im Raum auf. Leider sind wir so sehr daran gewöhnt, die eine dieser beiden Bedeutungen desselben Wortes durch die andere zu veranschaulichen und sogar die eine in der anderen wahrzunehmen, dass es uns außerordentlich schwer fällt, zwischen ihnen zu unterscheiden oder wenigstens diese Unterscheidung in Worten auszudrücken. So habe ich gesagt, dass mehrere Bewusstseinszustände zu einem Ganzen organisiert sind, einander durchdringen, allmählich einen reicheren Inhalt gewinnen und so jedem, der den Raum nicht kennt, das Gefühl der reinen Dauer geben können; aber schon der Gebrauch des Wortes "mehrere" zeigt, dass ich diese Zustände bereits isoliert, in Bezug zueinander externalisiert und, mit einem Wort, nebeneinander gestellt hatte; so verriet ich schon durch die Sprache, die ich zu benutzen gezwungen war, die tief verwurzelte Gewohnheit, die Zeit im Raum zu verorten. Von dieser bereits vollzogenen räumlichen Einteilung sind wir gezwungen, die Begriffe zu entlehnen, die wir verwenden, um den Zustand eines Geistes zu beschreiben, der sie noch nicht vollzogen hat: diese Begriffe sind also von vornherein irreführend, und die Idee einer Vielheit ohne Bezug zu Zahl oder Raum ist zwar für das reine reflektierende Denken klar, kann aber nicht in die Sprache des gesunden Menschenverstandes übersetzt werden. Und doch können wir nicht einmal die Idee einer diskreten Vielheit bilden, ohne gleichzeitig eine qualitative Vielheit in Betracht zu ziehen. Wenn wir explizit Einheiten zählen, indem wir sie entlang einer räumlichen Linie aneinanderreihen, ist es dann nicht so, dass neben dieser Addition von identischen Begriffen, die sich von einem homogenen Hintergrund abheben, in der Tiefe der Seele eine Organisation dieser Einheiten stattfindet, ein ganz und gar dynamischer Prozess, nicht unähnlich der rein qualitativen Art und Weise, in der ein Amboss, wenn er fühlen könnte, eine Reihe von

96

Hammerschlägen realisieren würde? In diesem Sinne könnte man fast sagen, dass die Zahlen, die wir täglich benutzen, jeweils ihre emotionale Entsprechung haben. Die Kaufleute sind sich dessen sehr wohl bewusst, und anstatt den Preis eines Gegenstandes mit einer runden Zahl von Schillingen anzugeben, markieren sie die nächstkleinere Zahl und überlassen es sich selbst, anschließend eine ausreichende Zahl von Pence und Farthings einzufügen. Mit einem Wort, der Prozess, durch den wir Einheiten zählen und sie zu einer diskreten Vielheit machen, hat zwei Seiten; einerseits nehmen wir an, dass sie identisch sind, was nur unter der Bedingung denkbar ist, dass diese Einheiten in einem homogenen Medium nebeneinander angeordnet sind; andererseits verändert aber beispielsweise die dritte Einheit, wenn sie zu den beiden anderen hinzugefügt wird, die Natur, das Aussehen und gleichsam den Rhythmus des Ganzen; ohne diese Durchdringung und diesen sozusagen qualitativen Fortschritt wäre keine Addition möglich. Durch die Qualität der Quantität entsteht also die Idee der Quantität ohne Qualität.

Es liegt daher auf der Hand, dass unser Bewusstsein, wenn es sich nicht auf einen symbolischen Ersatz einlassen würde, die Zeit niemals als ein homogenes Medium betrachten würde, in dem die Begriffe einer Folge außerhalb voneinander bleiben. Aber wir erreichen diese symbolische Darstellung natürlich allein dadurch, dass in einer Reihe von identischen Begriffen jeder Begriff für unser Bewusstsein einen doppelten Aspekt annimmt: einen Aspekt, der für alle derselbe ist, weil wir dann an die Gleichheit des äußeren Objekts denken, und einen anderen Aspekt, der für jeden von ihnen charakteristisch ist, weil das Überschreiten eines jeden Begriffs eine neue Organisation des Ganzen bewirkt. Daraus ergibt sich die Möglichkeit, im Raum unter der Form der numerischen Mannigfaltigkeit das darzustellen, was wir eine qualitative Mannigfaltigkeit genannt haben, und das eine als Äquivalent des anderen zu betrachten. Dieser zweifache Vorgang vollzieht sich nun nirgends so leicht wie

> Unsere aufeinanderfolgenden Empfindungen werden als wechselseitig äußerlich betrachtet, wie ihre objektiven Ursachen, und dies wirkt sich auf unser tieferes psychisches Leben aus.

bei der Wahrnehmung der äußeren Erscheinung, die für uns die Form der Bewegung annimmt. Hier haben wir zwar eine Reihe von identischen Begriffen, da es sich immer um denselben sich bewegenden Körper handelt; aber andererseits bewirkt die von unserem Bewußtsein vorgenommene Synthese zwischen der tatsächlichen Lage und dem, was unser Gedächtnis die früheren Lagen nennt, daß diese Bilder einander durchdringen, vervollständigen und gewissermaßen fortsetzen. Die Dauer nimmt also hauptsächlich mit Hilfe der Bewegung die Form eines homogenen Mediums an, und die Zeit wird in den Raum projiziert . Aber selbst wenn wir die Bewegung außer Acht lassen, würde jede Wiederholung eines gut markierten äußeren Phänomens dem Bewusstsein dieselbe Art der Darstellung nahelegen. Wenn wir also eine Reihe von Hammerschlägen hören, bilden die Töne eine unteilbare Melodie, insofern sie reine Empfindungen sind, und geben auch hier Anlass zu einem dynamischen Verlauf; aber da wir wissen, dass dieselbe objektive Ursache am Werk ist, zerlegen wir diesen Verlauf in Phasen, die wir dann als identisch betrachten; und da diese Vielzahl von Elementen nicht mehr denkbar ist, außer durch ihre Anordnung im Raum, da sie nun identisch geworden sind, werden wir notwendigerweise zur Vorstellung einer homogenen Zeit geführt, dem symbolischen Bild der realen Dauer. Mit einem Wort, unser Ich kommt mit der Außenwelt an ihrer Oberfläche in Berührung; unsere aufeinanderfolgenden Empfindungen, obwohl sie sich ineinander auflösen, behalten etwas von der gegenseitigen Äußerlichkeit, die zu ihren objektiven Ursachen gehört; und so wird unser oberflächliches psychisches Leben ohne große Anstrengung als in einem homogenen Medium darstellbar. Aber der symbolische Charakter eines solchen Bildes wird umso auffälliger, je weiter wir in die Tiefen des Bewusstseins vordringen: das tief sitzende Ich, das grübelt und entscheidet, das sich erhitzt und aufglüht, ist ein Ich, dessen Zustände und Veränderungen sich gegenseitig durchdringen und eine tiefe Veränderung erfahren, sobald wir sie voneinander trennen, um sie im Raum darzustellen. Da aber dieses tiefere Selbst ein und dieselbe Person mit dem oberflächlichen Ich bildet, scheinen beide auf dieselbe Weise zu *bestehen*. Und da das wiederholte Bild

98

eines identischen objektiven Phänomens, das immer wiederkehrt, unser oberflächliches psychisches Leben in Teile zerlegt, die einander äußerlich sind, bestimmen die so bestimmten Momente ihrerseits verschiedene Abschnitte im dynamischen und ungeteilten Fortschritt unserer persönlicheren Bewusstseinszustände. So hallt die gegenseitige Äußerlichkeit, die die materiellen Gegenstände durch ihr Nebeneinander im homogenen Raum gewinnen, nach und breitet sich in die Tiefen des Bewusstseins aus: nach und nach werden unsere Empfindungen voneinander unterschieden wie die äußeren Ursachen, die sie hervorgebracht haben, und unsere Gefühle oder Ideen werden getrennt wie die Empfindungen, mit denen sie gleichzeitig sind.

Dass unsere gewöhnliche Vorstellung von Dauer von einem allmählichen Eindringen des Raumes in den Bereich des reinen Bewusstseins abhängt, beweist die Tatsache, dass es, um dem Ich die Fähigkeit zu nehmen, eine homogene Zeit wahrzunehmen, genügt, ihm diesen äußeren Kreis psychischer Zustände zu nehmen, den es als Gleichgewichtsrad benutzt. Diese Bedingungen werden im Traum verwirklicht; denn der Schlaf, der das Spiel der organischen Funktionen entspannt, verändert die Kommunikationsfläche zwischen dem Ich und den äußeren Objekten. Hier messen wir nicht mehr die Dauer, sondern wir fühlen sie; von der Quantität kehrt sie in den Zustand der Qualität zurück; wir schätzen die vergangene Zeit nicht mehr mathematisch ab: die mathematische Schätzung tritt an die Stelle eines verwirrten Instinkts, der wie alle Instinkte zu groben Fehlern fähig ist, aber auch zuweilen mit außerordentlicher Geschicklichkeit handelt. Selbst im Wachzustand sollte uns die tägliche Erfahrung lehren, zwischen der Dauer als Qualität, die das Bewusstsein unmittelbar erreicht und die wahrscheinlich das ist, was die Tiere wahrnehmen, und der Zeit, die sozusagen materialisiert ist, der Zeit, die durch ihre Verortung im Raum zur Quantität geworden ist, zu unterscheiden. Während ich diese Zeilen schreibe, schlägt die Stunde auf einer benachbarten Uhr, aber mein unaufmerksames Ohr nimmt sie erst wahr, nachdem mehrere

Schläge zu hören waren. Daher habe ich sie nicht gezählt; und doch brauche ich meine Aufmerksamkeit nur nach hinten zu wenden, um die vier Schläge zu zählen, die bereits erklungen sind, und sie zu denen hinzuzufügen, die ich höre. Wenn ich mich also sorgfältig über das, was soeben geschehen ist, befrage, erkenne ich, dass die ersten vier Töne mein Ohr getroffen und sogar mein Bewusstsein beeinflusst haben, dass aber die Empfindungen, die jeder einzelne von ihnen hervorgerufen hat, statt nebeneinander zu stehen, so ineinander verschmolzen sind, dass sie dem Ganzen eine eigentümliche Qualität verleihen, dass sie eine Art musikalische Phrase daraus machen. Um nun im Nachhinein die Anzahl der erklungenen Schläge abzuschätzen, versuchte ich, diese Phrase in Gedanken zu rekonstruieren: meine Phantasie machte einen Schlag, dann zwei, dann drei, und solange sie nicht die exakte Zahl vier erreichte, antwortete mein Gefühl, wenn es befragt wurde, dass die Gesamtwirkung qualitativ anders sei. Es hatte also auf seine Weise die Abfolge von vier Strichen festgestellt, aber ganz anders als durch einen Prozess der Addition und ohne das Bild einer Nebeneinanderstellung von verschiedenen Begriffen einzubringen. Mit einem Wort, die Anzahl der Striche wurde als Qualität und nicht als Quantität wahrgenommen: Auf diese Weise wird die Dauer dem unmittelbaren Bewusstsein vorgestellt, und sie behält diese Form bei, solange sie nicht an die Stelle einer symbolischen Darstellung tritt, die von der Dehnbarkeit abgeleitet ist.

Es gilt also, zwei Formen der Vielheit zu unterscheiden, zwei sehr unterschiedliche Arten, die Dauer zu betrachten, zwei Aspekte des bewussten Lebens. Unterhalb der homogenen Dauer, die das umfassende Symbol der wahren Dauer ist, unterscheidet eine genaue psychologische Analyse eine Dauer, deren heterogene Momente sich gegenseitig durchdringen; unter der numerischen Vielfalt der Bewusstseinszustände eine qualitative Vielfalt; unter dem Selbst mit klar definierten Zuständen ein Selbst, in dem das *Aufeinanderfolgen* bedeutet, *ineinander zu verschmelzen* und ein organisches Ganzes zu bilden. Aber wir begnügen uns im Allgemeinen mit dem ersten, d.h. mit dem Schatten des in

> Es gibt also zwei Formen der Vielheit, der Dauer und des bewussten Lebens.

den homogenen Raum projizierten Selbst. Das Bewusstsein, getrieben von einem unstillbaren Verlangen nach Trennung, ersetzt das Symbol durch die Realität oder nimmt die Realität nur durch das Symbol wahr. Da das auf diese Weise gebrochene und zersplitterte Selbst den Anforderungen des sozialen Lebens im Allgemeinen und der Sprache im Besonderen viel besser angepasst ist, zieht das Bewusstsein es vor und verliert allmählich das grundlegende Selbst aus den Augen.

Um dieses fundamentale Selbst, so wie es das ungekünstelte Bewusstsein wahrnehmen würde, wiederzufinden, ist eine energische Anstrengung der Analyse notwendig, die die flüssigen inneren Zustände von ihrem Bild isoliert, das zuerst gebrochen und dann im homogenen Raum verfestigt wird. Mit anderen Worten, unsere Wahrnehmungen, Empfindungen, Emotionen und Ideen treten unter zwei Aspekten auf: der eine klar und präzise, aber unpersönlich; der andere verworren, sich ständig verändernd und unaussprechlich, weil die Sprache ihn nicht erfassen kann, ohne seine Beweglichkeit aufzuhalten, oder ihn nicht in seine alltäglichen Formen einpassen kann, ohne ihn zum Gemeingut zu machen.

Wenn wir uns veranlasst sahen, zwei Formen der Vielheit, zwei Formen der Dauer zu unterscheiden, müssen wir erwarten, dass jeder Bewusstseinszustand für sich genommen einen anderen Aspekt annimmt, je nachdem, ob wir ihn innerhalb einer diskreten Vielheit oder einer verworrenen Vielheit betrachten, in der Zeit als Qualität, in der er hervorgebracht wird, oder in der Zeit als Quantität, in die er projiziert wird.

Wenn ich z.B. zum ersten Mal in einer Stadt spazieren gehe, in der ich leben werde, ruft meine Umgebung gleichzeitig zwei Eindrücke in mir hervor, von denen der eine dauerhaft sein wird, während der andere sich ständig verändern wird. Jeden Tag nehme ich dieselben Häuser wahr, und da ich weiß, dass es dieselben Objekte sind, nenne ich sie immer mit demselben Namen, und ich bilde mir auch ein, dass sie mir immer gleich erscheinen. Wenn ich aber nach einer ausreichend langen Zeitspanne zu dem Eindruck zurückkehre, den ich in den ersten Jahren hatte, bin ich überrascht über die bemerkenswerte, unerklärliche, ja unaussprechliche Veränderung, die stattgefunden hat. Es scheint, dass diese Objekte, die ich ständig wahrnehme und die sich mir ständig einprägen, am Ende etwas von meiner eigenen bewussten Existenz übernommen haben; wie ich selbst haben sie gelebt, und wie ich selbst sind sie alt geworden. Das ist keine bloße Illusion; denn wenn der heutige Eindruck absolut identisch mit dem gestrigen wäre, welchen Unterschied gäbe es dann zwischen Wahrnehmen und Erkennen, zwischen Lernen und Erinnern? Doch dieser Unterschied entgeht den meisten von uns; wir werden ihn kaum wahrnehmen, es sei denn, wir werden vor ihm gewarnt und schauen dann genau in uns hinein. Der Grund dafür ist, dass unser äußeres und sozusagen soziales Leben für uns praktisch wichtiger ist als unsere innere und individuelle Existenz. Wir neigen instinktiv dazu, unsere Eindrücke zu verfestigen, um sie in Sprache auszudrücken. Daher verwechseln wir das Gefühl selbst, das sich in einem ständigen Zustand des Werdens befindet, mit seinem dauerhaften äußeren Objekt und vor allem mit dem Wort, das dieses Objekt ausdrückt. So wie die flüchtige Dauer unseres Ichs durch seine Projektion in den homogenen Raum fixiert wird, so nehmen unsere ständig wechselnden Eindrücke, indem sie sich um das äußere Objekt, das ihre Ursache ist, wickeln, dessen definitive Umrisse und seine Unbeweglichkeit an.

Noch flüchtiger sind unsere einfachen Empfindungen, die wir in ihrem natürlichen Zustand wahrnehmen. Dieser oder jener Geschmack, dieser oder jener Geruch gefiel mir als Kind, aber heute mag ich sie nicht mehr. Dennoch nenne ich die erlebte Empfindung immer noch mit demselben Namen und spreche so, als hätte sich nur mein Geschmack geändert, während der Duft und der Geschmack derselbe geblieben sind. Auf diese Weise verfestige ich die Empfindung wieder; und wenn ihre Veränderlichkeit so offensichtlich wird, dass ich nicht umhin kann, sie zu erkennen, abstrahiere ich diese Veränderlichkeit, um ihr einen eigenen Namen zu geben und sie in Form eines *Geschmacks* zu verfestigen. Aber in Wirklichkeit gibt es weder identische Empfindungen noch mannigfaltige Geschmäcker: denn Empfindungen und Geschmäcker erscheinen mir als *Objekte*, sobald ich sie isoliere und benenne, und in der menschlichen Seele gibt es nur *Prozesse.* Was ich sagen sollte, ist, dass jede Empfindung durch Wiederholung verändert wird, und dass, wenn sie mir von Tag zu Tag nicht verändert erscheint, es daran liegt, dass ich sie durch den Gegenstand wahrnehme, der ihre Ursache ist, durch das Wort, das sie übersetzt. Dieser Einfluss der Sprache auf die Empfindung ist tiefer, als man gewöhnlich denkt. Die Sprache lässt uns nicht nur an die Unveränderlichkeit unserer Empfindungen glauben, sondern täuscht uns manchmal auch über die Art der Empfindung. Wenn ich also ein vermeintlich köstliches Gericht zu mir nehme, schiebt sich der Name, den es trägt und der auf die ihm verliehene Anerkennung hindeutet, zwischen meine Empfindung und mein Bewusstsein; ich mag glauben, dass mir der Geschmack gefällt, während eine leichte Anstrengung der Aufmerksamkeit das Gegenteil beweisen würde. Kurzum, das Wort mit klar umrissenen Konturen, das grobe und fertige Wort, das das stabile, allgemeine und folglich unpersönliche Element in den Eindrücken der Menschheit aufbewahrt, überwältigt oder überdeckt zumindest die zarten und flüchtigen Eindrücke unseres individuellen Bewusstseins. Um den Kampf unter gleichen Bedingungen aufrechtzuerhalten, müssten sich die letzteren in präzisen Worten ausdrücken; aber diese Worte würden sich, sobald sie gebildet sind, gegen die Empfindung wenden, die sie hervorgebracht hat, und, erfunden, um zu zeigen, dass die Empfindung instabil ist, würden sie ihr ihre eigene Stabilität aufzwingen.

Diese Überwältigung des unmittelbaren Bewusstseins ist nirgends so auffällig wie bei unseren Gefühlen. Eine heftige Liebe oder eine tiefe Melancholie ergreift von unserer SEELE Besitz: hier fühlen wir tausend

Wie Analyse und Beschreibung die Gefühle verzerren.

verschiedene Elemente, die sich ineinander auflösen und einander durchdringen, ohne genaue Umrisse, ohne die geringste Tendenz, sich in

Beziehung zueinander zu äußern; daher ihre Originalität. Wir verzerren sie, sobald wir in ihrer verworrenen Masse eine numerische Vielheit erkennen: wie wird es dann sein, wenn wir sie isoliert voneinander in diesem homogenen Medium aufstellen, das man entweder Zeit oder Raum nennen kann, je nachdem, was man vorzieht? Eben noch hat jedes von ihnen eine undefinierbare Farbe aus seiner Umgebung entlehnt: jetzt haben wir es farblos und bereit, einen Namen anzunehmen. Das Gefühl selbst ist ein Wesen, das lebt und sich entwickelt und sich daher ständig verändert; wie könnte es uns sonst allmählich dazu bringen, einen Entschluss zu fassen? Unser Entschluss würde sofort gefasst werden. Aber es lebt, weil die Dauer, in der es sich entwickelt, eine Dauer ist, deren Momente sich gegenseitig durchdringen. Indem wir diese Momente voneinander trennen, indem wir die Zeit im Raum ausbreiten, haben wir bewirkt, dass dieses Gefühl sein Leben und seine Farbe verliert. Wir stehen also vor unserem eigenen Schatten: Wir glauben, unser Gefühl analysiert zu haben, während wir es in Wirklichkeit durch eine Aneinanderreihung lebloser Zustände ersetzt haben, die sich in Worte fassen lassen und von denen jeder das gemeinsame Element, den unpersönlichen Rest der Eindrücke darstellt, die in einem bestimmten Fall von der gesamten Gesellschaft empfunden werden. Und das ist der Grund, warum wir über diese Zustände nachdenken und unsere einfache Logik auf sie anwenden: Nachdem wir sie als Gattungen aufgestellt haben, indem wir sie einfach voneinander isoliert haben, haben wir sie für den Gebrauch in einer zukünftigen Schlussfolgerung vorbereitet. Wenn nun ein kühner Schriftsteller, der den geschickt gewebten Vorhang unseres konventionellen Ichs beiseite reißt, uns unter diesem Anschein von Logik eine fundamentale Absurdität zeigt, unter dieser Aneinanderreihung einfacher Zustände eine unendliche Durchdringung von tausend verschiedenen Eindrücken, die in dem Augenblick, in dem sie benannt werden, bereits aufgehört haben zu existieren, so loben wir ihn dafür, dass er uns besser kennt als wir uns selbst. Dies ist jedoch nicht der Fall, und gerade die Tatsache, dass er unser Gefühl in einer homogenen Zeit ausbreitet und seine Elemente durch Worte ausdrückt, zeigt, dass er uns seinerseits nur seinen Schatten anbietet: aber er hat diesen

Schatten so arrangiert, dass wir die außergewöhnliche und unlogische Natur des Objekts, das ihn projiziert, erahnen; er hat uns zum Nachdenken gebracht, indem er etwas von jenem Widerspruch, jener Durchdringung, die das eigentliche Wesen der ausgedrückten Elemente ist, nach außen hin zum Ausdruck bringt. Von ihm ermutigt, haben wir für einen Augenblick den Schleier beiseite geschoben, den wir zwischen unser Bewusstsein und uns selbst gelegt haben. Er hat uns in unsere eigene Gegenwart zurückgebracht.

Wir würden dieselbe Art von Überraschung erleben, wenn wir uns bemühen würden, unsere Ideen selbst in ihrem natürlichen Zustand zu erfassen, wie unser Bewusstsein sie wahrnehmen würde, wenn es nicht mehr vom Raum eingeschlossen wäre. Diese Zerlegung der Bestandteile einer Idee, die zur Abstraktion führt, ist zu bequem, als dass wir sie im gewöhnlichen Leben und sogar in der philosophischen Diskussion missen möchten. Aber wenn wir uns einbilden, dass die so künstlich getrennten Teile die echten Fäden sind, mit denen die konkrete Idee gewebt wurde, wenn wir anstelle der Durchdringung der realen Begriffe die Gegenüberstellung ihrer Symbole setzen und behaupten, aus dem Raum Dauer zu machen, verfallen wir unweigerlich in den Irrtum des Assoziationismus. Auf letzterem Punkt wollen wir nicht bestehen, er wird Gegenstand einer gründlichen Untersuchung im nächsten Kapitel sein. Es genügt zu sagen, dass der impulsive Eifer, mit dem wir in bestimmten Fragen Partei ergreifen ( ), zeigt, wie unser Intellekt seine Instinkte hat - und was kann ein solcher Instinkt sein, wenn nicht ein gemeinsamer Impuls für alle unsere Ideen, d. h. ihre gegenseitige Durchdringung? Die Überzeugungen, an denen wir am stärksten festhalten, sind diejenigen, über die wir am schwersten Rechenschaft ablegen müssten, und die Gründe, mit denen wir sie rechtfertigen, sind selten die, die uns zu ihrer Annahme geführt haben. In gewissem Sinne haben wir sie ohne Grund angenommen, denn was sie in unseren Augen wertvoll macht, ist, dass sie mit all unseren anderen Vorstellungen übereinstimmen und dass wir in ihnen von Anfang an etwas von uns selbst gesehen haben. Daher nehmen sie in unserem Geiste nicht jene allgemein anmutende Form an, die sie annehmen werden, sobald wir versuchen, sie in Worte zu fassen; und obwohl sie in anderen Köpfen denselben Namen tragen, sind sie keineswegs dasselbe Ding. Denn jede von ihnen hat dieselbe Art von Leben wie eine Zelle in einem Organismus: alles, was den allgemeinen Zustand des Selbst betrifft, betrifft auch sie. Aber während die Zelle einen bestimmten Punkt im Organismus einnimmt, füllt eine Idee, die wirklich unsere ist, unser ganzes Selbst aus. Nicht alle unsere Ideen sind jedoch in der flüssigen Masse unserer bewussten Zustände enthalten. Viele schwimmen auf der Oberfläche, wie tote Blätter auf dem Wasser eines Teiches: der Verstand, wenn er sie immer wieder denkt, findet sie immer gleich, als wären sie ihm äußerlich. Dazu gehören die Ideen, die wir fertig aufgenommen haben und die in uns verbleiben, ohne jemals richtig assimiliert zu werden, oder wiederum die Ideen, die wir unterlassen haben zu hegen und die in der Vernachlässigung verdorrt sind. Wenn unsere Bewusstseinszustände in dem Maße, in dem wir uns von den tieferen Schichten des Selbst entfernen, dazu neigen, mehr und mehr die Form einer numerischen Vielzahl anzunehmen und sich in einem homogenen Raum auszubreiten, so liegt das nur daran, dass diese Bewusstseinszustände dazu neigen, immer lebloser, immer unpersönlicher zu werden. Daher brauchen wir uns nicht zu wundern, wenn nur die Ideen, die uns am wenigsten gehören, angemessen in Worte gefasst werden können: nur auf diese, wie wir sehen werden, trifft die assoziative Theorie zu. Äußerlich stehen sie untereinander in Beziehungen, in denen die innere Natur eines jeden von ihnen nichts zählt, Beziehungen, die also klassifiziert werden können. Man kann also sagen, dass sie aufgrund von Kontiguität oder aus irgendeinem logischen Grund miteinander verbunden sind. Wenn wir aber unter der Oberfläche des Kontakts zwischen dem Selbst und den äußeren Objekten in die Tiefen der organisierten und lebendigen Intelligenz eindringen, werden wir Zeuge der Verbindung oder vielmehr der Vermischung vieler Ideen, die, wenn sie einmal voneinander getrennt sind, einander als logisch widersprüchliche Begriffe auszuschließen scheinen. Die seltsamsten Träume,

106

in denen sich zwei Bilder überlagern und uns gleichzeitig zwei verschiedene Personen zeigen, die doch nur eine bilden, werden uns kaum eine Vorstellung von der Verflechtung der Begriffe geben, die im Wachzustand vor sich geht. Die Einbildungskraft des Träumers, die von der Außenwelt abgeschnitten ist, ahmt mit bloße Bilder nach und parodiert auf ihre Weise den Vorgang, der in den tieferen Regionen des Geisteslebens in Bezug auf die Ideen ständig vor sich geht.

So kann man nachweisen, so wird auch eine weitere Untersuchung der tiefliegenden psychischen Phänomene das Prinzip veranschaulichen, von dem wir ausgegangen sind: das bewusste Leben zeigt zwei Aspekte, je nachdem, ob wir es direkt oder durch Brechung im Raum wahrnehmen. Die tiefsitzenden Bewusstseinszustände haben, für sich betrachtet, keine Beziehung zur Quantität, sie sind reine Qualität; sie vermischen sich so, dass wir nicht sagen können, ob es sich um einen oder mehrere handelt, und sie auch nicht unter diesem Gesichtspunkt untersuchen können, ohne sofort ihre Natur zu verändern. Die Dauer, die sie auf diese Weise schaffen, ist eine Dauer, deren Momente keine numerische Vielfalt bilden: diese Momente dadurch zu charakterisieren, dass man sagt, sie überlagern sich, hieße immer noch, sie zu unterscheiden. Wenn jeder von uns ein rein individuelles Leben führen würde, wenn es weder Gesellschaft noch Sprache gäbe, würde unser Bewusstsein die Reihe der inneren Zustände in dieser ungebrochenen Form erfassen? Zweifellos würde es nicht ganz gelingen, weil wir die Vorstellung eines homogenen Raumes, in dem die Objekte scharf voneinander unterschieden sind, noch immer beibehalten würden, und weil es zu bequem ist, die etwas trüben Zustände, die die Aufmerksamkeit des Bewusstseins zuerst auf sich ziehen, in einem solchen Medium darzustellen, um sie in einfachere Begriffe aufzulösen . Man beachte aber, dass die Intuition eines homogenen Raumes bereits ein Schritt zum sozialen Leben ist. Wahrscheinlich stellen sich die Tiere neben ihren

> Indem wir unsere Bewusstseinszustände trennen, fördern wir das soziale Leben, werfen aber Probleme auf, die nur durch den Rückgriff auf das konkrete und lebendige Selbst gelöst werden können.

Empfindungen nicht wie wir eine von ihnen völlig verschiedene Außenwelt vor, die allen bewussten Wesen gemeinsam ist. Unsere Tendenz, uns ein klares Bild von dieser Äußerlichkeit der Dinge und der Homogenität ihres Mediums zu machen, ist dieselbe wie der Impuls, der uns dazu bringt, gemeinsam zu leben und zu sprechen. Aber in dem Maße, in dem sich die Bedingungen des sozialen Lebens vollständiger verwirklichen, verstärkt sich die Strömung, die unsere Bewusstseinszustände von innen nach außen trägt; nach und nach werden diese Zustände zu Objekten oder Dingen gemacht; sie brechen nicht nur voneinander, sondern auch von uns selbst ab. Von nun an nehmen wir sie nur noch in dem homogenen Medium wahr, in das wir ihr Bild gesetzt haben, und durch das Wort, das ihnen seine alltägliche Farbe verleiht. So bildet sich ein zweites Ich, das das erste verdeckt, ein Ich, dessen Existenz aus verschiedenen Momenten besteht, deren Zustände voneinander getrennt sind und sich leicht in Worten ausdrücken lassen. Ich will hier weder die Persönlichkeit aufspalten, noch die numerische Vielfalt, die ich am Anfang ausgeschlossen habe, in anderer Form wiederherstellen. Es ist dasselbe Selbst, das anfangs verschiedene Zustände wahrnimmt, und das, wenn es danach seine Aufmerksamkeit konzentriert, diese Zustände ineinander verschmelzen sieht, wie die Kristalle einer Schneeflocke, wenn man sie eine Zeit lang mit dem Finger berührt . Und in Wahrheit hat das Ich um der Sprache willen alles zu gewinnen, wenn es nicht wieder Verwirrung stiftet, wo Ordnung herrscht, und wenn es diese raffinierte Anordnung fast unpersönlicher Zustände nicht umstößt, durch die es aufgehört hat, "ein Reich im Reich" zu bilden. Ein inneres Leben mit gut unterschiedenen Momenten und mit klar charakterisierten Zuständen wird den Anforderungen des gesellschaftlichen Lebens besser gerecht werden. In der Tat kann sich eine oberflächliche Psychologie damit begnügen, es zu beschreiben, ohne dabei in einen Irrtum zu verfallen, allerdings unter der Bedingung, dass sie sich auf das Studium dessen beschränkt, was geschehen ist, und auslässt, was im Gange ist. Wenn aber diese Psychologie, indem sie von der Statik zur Dynamik übergeht, den Anspruch erhebt, über die Dinge im Werden so zu denken, wie sie über die Dinge im Werden gedacht hat, wenn sie uns das

108

konkrete und lebendige Selbst als eine Assoziation von Begriffen anbietet, die voneinander verschieden sind und in einem homogenen Medium nebeneinander stehen, dann wird sie eine Schwierigkeit nach der anderen in den Weg gestellt bekommen. Und diese Schwierigkeiten werden sich vervielfachen, je mehr sie sich bemüht, sie zu überwinden, denn alle ihre Bemühungen werden nur die Absurdität der grundlegenden Hypothese deutlicher ans Licht bringen, mit der sie die Zeit im Raum ausbreitet und die Abfolge in den Mittelpunkt der Gleichzeitigkeit stellt. Wir werden sehen, dass die Widersprüche, die in den Problemen der Kausalität, der Freiheit und der Persönlichkeit enthalten sind, keiner anderen Quelle entspringen, und dass wir, wenn wir sie loswerden wollen, nur auf das reale und konkrete Ich zurückgehen und seinen symbolischen Ersatz aufgeben müssen.

---

[1] Ich hatte die vorliegende Arbeit bereits abgeschlossen, als ich in der *Critique philosophique* (für 1883 und 1884) die sehr bemerkenswerte Widerlegung eines interessanten Artikels von G. Noël über den Zusammenhang der Begriffe von Zahl und Raum durch F. Pillon las. Ich habe es jedoch nicht für nötig befunden, auf den folgenden Seiten Änderungen vorzunehmen, da Pillon nicht zwischen der Zeit als Qualität und der Zeit als Quantität, zwischen der Vielheit des Nebeneinanders und der Vielheit der Durchdringung unterscheidet. Ohne diese wesentliche Unterscheidung, die zu treffen das Hauptziel dieses Kapitels ist, könnte man mit Pillon behaupten, dass die Zahl aus dem Verhältnis des Nebeneinanders gebildet werden kann. Aber was ist hier mit Koexistenz gemeint? Wenn die koexistierenden Begriffe ein organisches Ganzes bilden, führen sie uns niemals zum Begriff der Zahl; bleiben sie getrennt, stehen sie nebeneinander und wir haben es mit dem Raum zu tun. Es ist sinnlos, das Beispiel von gleichzeitigen Eindrücken anzuführen, die von mehreren Sinnen aufgenommen werden. Entweder belässt man diesen Empfindungen ihre spezifischen Unterschiede, was darauf hinausläuft, dass man sie nicht zählt, oder man hebt ihre Unterschiede auf, und wie sollen wir sie dann unterscheiden, wenn nicht durch ihre Position oder die ihrer Symbole? Wir werden sehen, dass das Verb "unterscheiden" zwei Bedeutungen hat, die eine qualitativ, die andere quantitativ: Diese beiden Bedeutungen sind meiner Meinung nach von den Philosophen, die sich mit den Beziehungen zwischen Zahl und Raum beschäftigt haben, verwechselt worden.

[2] Évellin, *Infini et quantité*. Paris, 1881.

KAPITEL III - DIE ORGANISATION VON BEWUSSTSEINSZUSTÄNDEN

FREIER WILLE

Es ist leicht einzusehen, warum die Frage des freien Willens diese beiden rivalisierenden Systeme der Natur, den Mechanismus und den Dynamismus, in Konflikt bringt. Die Dynamik geht von der Idee der freiwilligen Aktivität aus, die durch das Bewusstsein gegeben ist, und kommt zur Darstellung der Trägheit, indem sie diese Idee allmählich entleert: Sie hat also keine Schwierigkeiten, sich einerseits die freie Kraft und andererseits die durch Gesetze geregelte Materie vorzustellen. Der Mechanismus geht den umgekehrten Weg. Er geht davon aus, dass die Materialien, die er synthetisiert, von notwendigen Gesetzen beherrscht werden, und obwohl er zu immer reicheren Kombinationen gelangt, die immer schwieriger vorauszusehen und allem Anschein nach immer kontingenter sind, kommt er doch nie aus dem engen Kreis der Notwendigkeit heraus, in den er sich anfangs eingeschlossen hat.

> Mechanismus, Dynamik und freier Wille.

Eine gründliche Untersuchung dieser beiden Naturauffassungen wird zeigen, dass sie zwei sehr unterschiedliche Hypothesen über die Beziehungen zwischen den Gesetzen und den Tatsachen, die sie regeln, beinhalten. Der Anhänger des Dynamismus glaubt, mit zunehmender Höhe Tatsachen wahrzunehmen, die sich mehr und mehr dem Zugriff der Gesetze entziehen: stellt also die Tatsache als die absolute Realität und das Gesetz als mehr oder weniger symbolischen Ausdruck dieser Realität dar. Der Mechanismus hingegen entdeckt in der bestimmten

> Für Dynamik Tatsachen realer als Gesetze: Mechanismus kehrt diese Haltung. Diese Idee der Spontaneität ist einfacher als die der Trägheit.

Tatsache eine bestimmte Anzahl von Gesetzen, deren Treffpunkt die Tatsache ist und nichts anderes: unter dieser Hypothese wird das Gesetz zur wirklichen Realität. Fragt man nun, warum die eine Seite der Tatsache und die andere dem Gesetz eine höhere Wirklichkeit zuweist, so wird man feststellen, dass Mechanismus und Dynamik das Wort *Einfachheit* in zwei sehr verschiedenen Bedeutungen verstehen. Für die erste Seite ist jedes Prinzip einfach, dessen Wirkungen vorhersehbar und sogar berechenbar sind: So wird der Begriff der Trägheit schon durch seine Definition einfacher als der der Freiheit, das Homogene einfacher als das Heterogene, das Abstrakte einfacher als das Konkrete. Aber die Dynamik ist nicht so sehr darauf bedacht, die Begriffe in die bequemste Ordnung zu bringen, als vielmehr ihre wirkliche Beziehung herauszufinden: oft ist nämlich der sogenannte einfache Begriff - den der Mechanismusgläubige als primitiv ansieht - durch die Vermischung mehrerer reicherer Begriffe entstanden, die von ihm abgeleitet zu sein scheinen und die sich in eben diesem Vermischungsprozess mehr oder weniger neutralisiert haben, so wie Dunkelheit durch die Interferenz zweier Lichter entstehen kann. Von diesem neuen Standpunkt aus betrachtet, ist der Begriff der Spontaneität unbestreitbar einfacher als der der Trägheit, da der zweite nur durch den ersten verstanden und definiert werden kann, während der erste sich selbst genügt. Denn jeder von uns hat das unmittelbare Wissen (ob er es für wahr hält oder nicht) von seiner freien Spontaneität, ohne dass der Begriff der Trägheit etwas mit diesem Wissen zu tun hätte. Wenn wir aber die Trägheit der Materie definieren wollen, müssen wir sagen, dass sie sich nicht von selbst bewegen oder anhalten kann, dass jeder Körper im Zustand der Ruhe oder der Bewegung verharrt, solange keine Kraft auf ihn einwirkt: und in beiden Fällen werden wir unweigerlich auf den Gedanken der Aktivität zurückgeführt. Es ist daher natürlich, dass wir *a priori* zu zwei entgegengesetzten Auffassungen von der menschlichen Tätigkeit gelangen, je nachdem, wie wir das Verhältnis zwischen dem Konkreten und dem Abstrakten, dem Einfachen und dem Komplexen, den Tatsachen und den Gesetzen verstehen.

Im Nachhinein werden jedoch bestimmte Tatsachen gegen die Freiheit ins Feld geführt, einige physische, andere psychologische. Manchmal wird behauptet, dass unsere Handlungen durch unsere Gefühle, unsere Ideen und die gesamte vorangegangene Reihe unserer Bewusstseinszustände notwendig sind; manchmal wird die Freiheit als unvereinbar mit den grundlegenden Eigenschaften der Materie und insbesondere mit dem Prinzip der Energieerhaltung angeprangert. Daraus ergeben sich zwei Arten von Determinismus, zwei scheinbar unterschiedliche empirische Beweise für die universelle Notwendigkeit. Wir werden zeigen, dass die zweite dieser beiden Formen auf die erste reduzierbar ist und dass jeder Determinismus, auch der physikalische Determinismus, eine psychologische Hypothese beinhaltet: wir werden dann beweisen , dass der psychologische Determinismus selbst und seine Widerlegungen auf einer ungenauen Vorstellung von der Vielfältigkeit der Bewusstseinszustände oder vielmehr der Dauer beruhen. Im Lichte der im vorangegangenen Kapitel erarbeiteten Prinzipien werden wir also ein Selbst entstehen sehen, dessen Aktivität mit keiner anderen Kraft verglichen werden kann.

> Determinismus: (1) physisch (2) psychologisch. Ersterer lässt sich auf letzteren reduzieren, der seinerseits auf der ungenauen Vorstellung einer Vielzahl von Bewusstseinszuständen oder einer Dauer beruht.

Der physikalische Determinismus in seiner neuesten Form ist eng mit mechanischen oder vielmehr kinetischen Theorien der Materie verbunden. Man stellt sich das Universum als einen Haufen Materie vor, den die Vorstellungskraft in Moleküle und Atome auflöst. Von diesen Teilchen wird angenommen, dass sie unaufhörlich Bewegungen jeder Art ausführen, manchmal in Form von Vibrationen, manchmal in Form von Translationen; und man glaubt, dass physikalische Phänomene, chemische Vorgänge, die Eigenschaften der Materie, die unsere Sinne wahrnehmen, Wärme, Schall, Elektrizität, vielleicht sogar Anziehung, objektiv auf diese elementaren Bewegungen reduzierbar sind. Da die Materie, aus der organisierte Körper bestehen, denselben Gesetzen unterworfen ist,

> Physikalischer Determinismus in der Sprache der molekularen Theorie der Materie.

finden wir zum Beispiel im Nervensystem nur Moleküle und Atome, die in Bewegung sind und sich gegenseitig anziehen und abstoßen. Wenn nun alle Körper, ob organisiert oder unorganisiert, in ihren letzten Teilen aufeinander einwirken und reagieren, ist es offensichtlich, dass der molekulare Zustand des Gehirns zu einem bestimmten Zeitpunkt durch die Stöße, die das Nervensystem von der umgebenden Materie empfängt, verändert wird, so dass die Empfindungen, Gefühle und Ideen, die in uns aufeinander folgen, als mechanische Resultanten definiert werden können, die durch die Verbindung der von außen empfangenen Stöße mit den vorherigen Bewegungen der Atome der Nervensubstanz entstehen. Aber auch das umgekehrte Phänomen kann auftreten; und die molekularen Bewegungen, die im Nervensystem ablaufen, werden, wenn sie miteinander oder mit anderen verbunden sind, oft als Resultat eine Reaktion unseres Organismus auf seine Umgebung ergeben: daher die Reflexbewegungen, daher auch die sogenannten freien und freiwilligen Handlungen. Da man außerdem davon ausgeht, dass der Grundsatz der Energieerhaltung keine Ausnahme zulässt, gibt es kein Atom, weder im Nervensystem noch im gesamten Universum, dessen Position nicht durch die Summe der mechanischen Einwirkungen der anderen Atome auf es bestimmt wird.

Und der Mathematiker, der die Position der Moleküle oder Atome eines menschlichen Organismus zu einem bestimmten Zeitpunkt sowie die Position und Bewegung aller Atome im Universum, die ihn beeinflussen können, kennt, kann mit unfehlbarer Sicherheit die vergangenen, gegenwärtigen und zukünftigen Handlungen der Person, zu der dieser Organismus gehört, berechnen, so wie man ein astronomisches Phänomen vorhersagt.[1]

Wir werden keine Schwierigkeiten damit haben, dass anerkennt, dass diese Auffassung der physiologischen Phänomene im Allgemeinen und der Nervenphänomene im Besonderen eine sehr natürliche Ableitung aus dem Gesetz der Energieerhaltung ist. Gewiss, die Atomtheorie der Materie befindet sich noch im hypothetischen

> Wenn das Prinzip der Energieerhaltung universell ist, sind physiologische und nervöse Phänomene erforderlich, aber vielleicht keine bewussten Zustände.

Stadium, und die rein kinetischen Erklärungen der physikalischen Tatsachen verlieren mehr, als sie gewinnen, wenn sie zu eng mit ihr verknüpft sind. Wir müssen jedoch feststellen, dass, selbst wenn wir die Atomtheorie sowie jede andere Hypothese über die Natur der letzten Elemente der Materie beiseite lassen, die Notwendigkeit physiologischer Tatsachen durch ihre Vorläufer aus dem Theorem der Energieerhaltung folgt, sobald wir dieses Theorem auf alle Prozesse ausdehnen, die in allen lebenden Körpern stattfinden. Denn die Universalität dieses Theorems zuzulassen, bedeutet im Grunde anzunehmen, dass die materiellen Punkte, aus denen das Universum besteht, nur Anziehungs- und Abstoßungskräften unterliegen, die von diesen Punkten selbst ausgehen und deren Intensität nur von ihren Entfernungen abhängt: daher wäre die relative Position dieser materiellen Punkte zu einem bestimmten Zeitpunkt - unabhängig von ihrer Beschaffenheit - streng durch das Verhältnis zu dem bestimmt, was sie im vorangegangenen Zeitpunkt war. Nehmen wir für einen Moment an, dass diese letzte Hypothese wahr ist: Wir wollen zunächst zeigen, dass sie nicht die absolute Bestimmung unserer Bewusstseinszustände durch einander beinhaltet, und dann, dass die Universalität des Prinzips der Energieerhaltung nur auf der Grundlage einer psychologischen Hypothese zugelassen werden kann.

Selbst wenn man annähme, dass die Lage, die Richtung und die Geschwindigkeit jedes Atoms der Gehirnmaterie in jedem Augenblick bestimmt sind, so würde daraus keineswegs folgen, dass unser Seelenleben derselben Notwendigkeit unterworfen ist. Denn es müsste erst bewiesen werden, dass ein streng bestimmter psychischer Zustand mit einem bestimmten zerebralen Zustand korrespondiert, und der Beweis dafür ist noch zu erbringen. In der Regel denkt man nicht daran, ihn zu fordern, weil man weiß, dass eine bestimmte Vibration des Trommelfells, eine bestimmte Erregung des Hörnervs, einen bestimmten Ton auf der Tonleiter ergibt, und weil die Parallelität der physischen und psychischen Reihen in einer

> Um zu beweisen, dass Bewusstseinszustände determiniert sind, müsste man einen notwendigen Zusammenhang zwischen ihnen und zerebralen Zuständen aufzeigen. Ein solcher Beweis fehlt.

ziemlich großen Zahl von Fällen bewiesen worden ist. Aber niemand hat je behauptet, dass wir unter bestimmten Bedingungen jeden Ton hören oder jede Farbe wahrnehmen können, die uns gefällt. Solche Empfindungen sind, wie viele andere psychische Zustände, offensichtlich an bestimmte Bedingungen gebunden, und gerade deshalb war es möglich, sich unter ihnen ein System von Bewegungen vorzustellen oder zu entdecken, das unserer abstrakten Mechanik gehorcht. Kurzum, überall dort, wo es uns gelingt, eine mechanische Erklärung zu geben, beobachten wir eine ziemlich strenge Parallelität zwischen der physiologischen und der psychologischen Reihe, und wir brauchen uns darüber nicht zu wundern, denn Erklärungen dieser Art wird man mit Sicherheit nur dort finden, wo die beiden Reihen parallele Begriffe aufweisen. Aber diese Parallelität auf die Reihen selbst in ihrer Gesamtheit auszudehnen, hieße, das Problem der Freiheit *a priori* zu lösen. Gewiss kann man das tun, und einige der größten Denker haben es vorgemacht; aber wie wir anfangs sagten, haben sie die strikte Übereinstimmung zwischen Bewusstseinszuständen und Ausdehnungsmodi nicht aus physikalischen Gründen behauptet. Leibniz führte sie auf eine vorgegebene Harmonie zurück und hätte niemals zugegeben, dass eine Bewegung eine Wahrnehmung hervorrufen kann, so wie eine Ursache eine Wirkung hervorruft. Spinoza sagte, dass die Arten des Denkens und die Arten der Ausdehnung einander entsprechen, sich aber niemals gegenseitig beeinflussen: Sie drücken nur in zwei verschiedenen Sprachen dieselbe ewige Wahrheit aus. Die heute verbreiteten Theorien des physikalischen Determinismus sind jedoch weit davon entfernt, dieselbe Klarheit und geometrische Strenge aufzuweisen. Sie verweisen auf molekulare Bewegungen, die sich im Gehirn abspielen: das Bewusstsein soll zuweilen auf geheimnisvolle Weise aus ihnen hervorgehen oder vielmehr ihrer Spur folgen wie die phosphoreszierende Linie, die sich beim Reiben eines Streichholzes ergibt. Oder aber wir stellen uns einen unsichtbaren Musiker vor, der hinter den Kulissen spielt, während der Schauspieler eine Klaviatur anschlägt, deren Töne keinen Ton ergeben: Das Bewusstsein soll aus einer unbekannten Region kommen und den molekularen Schwingungen überlagert werden, so wie die Melodie den

116

rhythmischen Bewegungen des Schauspielers entspricht. Aber auf welches Bild wir auch immer zurückgreifen, wir beweisen nicht und werden niemals durch irgendeine Argumentation beweisen, dass die psychische Tatsache fatalerweise durch die molekulare Bewegung bestimmt ist. Denn in einer Bewegung können wir den Grund einer anderen Bewegung finden, aber nicht den Grund eines Bewusstseinszustandes: nur die Beobachtung kann beweisen, dass die letztere die erstere begleitet. Nun ist die unabänderliche Verbindung der beiden Begriffe durch die Erfahrung nicht bestätigt worden, außer in einer sehr begrenzten Anzahl von Fällen und in Bezug auf Tatsachen, von denen alle zugeben, dass sie fast unabhängig vom Willen sind. Aber es ist leicht zu verstehen, warum der physische Determinismus diese Verbindung auf alle möglichen Fälle ausdehnt.

Das Bewusstsein sagt uns zwar, dass die meisten unserer Handlungen durch Motive erklärt werden können. Aber es scheint nicht, dass Bestimmung hier Notwendigkeit bedeutet, da der gesunde Menschenverstand an den freien Willen glaubt. Der Determinist hingegen, der sich von einer Vorstellung von Dauer und Kausalität leiten lässt, die wir etwas später kritisieren werden, ist der Ansicht, dass die Bestimmung der Bewusstseinszustände durch einander absolut ist. Dies ist der Ursprung des assoziativen Determinismus, einer Hypothese, für die man sich auf das Zeugnis des Bewusstseins beruft, die aber zunächst keinen Anspruch auf wissenschaftliche Strenge erheben kann. Es scheint natürlich, dass dieser sozusagen ungefähre Determinismus, dieser Qualitätsdeterminismus, sich auf denselben Mechanismus stützt, der den Naturerscheinungen zugrunde liegt: der letztere würde so dem ersteren seinen eigenen geometrischen Charakter verleihen, und die Transaktion wäre sowohl für den psychologischen Determinismus von Vorteil, der aus ihm in einer strengeren Form hervorgehen würde, als auch für den physikalischen Mechanismus, der sich dann über alles ausbreiten würde. Ein glücklicher Umstand begünstigt diese Verbindung. Die einfachsten psychischen Zustände treten in der Tat als

Zubehör zu genau definierten physikalischen Phänomenen auf, und die meisten Empfindungen scheinen mit bestimmten molekularen Bewegungen verbunden zu sein. Dieser bloße Anfang eines experimentellen Beweises genügt demjenigen, der aus psychologischen Gründen bereits davon überzeugt ist, dass unsere Bewusstseinszustände das notwendige Ergebnis der Umstände sind, unter denen sie auftreten. Von nun an zögert er nicht mehr zu behaupten, dass das Drama, das sich im Theater des Bewusstseins abspielt, eine wörtliche und sogar sklavische Übersetzung einiger Szenen ist, die von den Molekülen und Atomen der organisierten Materie aufgeführt werden. Der physische Determinismus, der auf diese Weise erreicht wird, ist nichts anderes als ein psychologischer Determinismus, der versucht, sich selbst zu verifizieren und seine eigenen Konturen durch einen Appell an die Naturwissenschaften zu fixieren.

Aber wir müssen zugeben, dass der Freiheitsgrad, der uns nach strikter Einhaltung des Energieerhaltungssatzes bleibt, ziemlich begrenzt ist. Denn auch wenn dieses Gesetz keinen zwingenden Einfluss auf den Verlauf unserer Gedanken ausübt, so wird es doch zumindest unsere Bewegungen bestimmen. Unser inneres Leben wird bis zu einem gewissen Punkt immer noch von uns selbst abhängen; aber für einen äußeren Beobachter wird es nichts geben, was unsere Aktivität von einem absoluten Automatismus unterscheidet.

> Ist der Grundsatz der Energieerhaltung universell gültig?

Es stellt sich also die Frage, ob die Ausdehnung des Energieerhaltungssatzes auf alle Körper in der Natur nicht selbst eine psychologische Theorie beinhaltet, und ob ein Wissenschaftler, der nicht *von vornherein* ein Vorurteil gegen die menschliche Freiheit hat, auf die Idee käme, diesen Grundsatz als universelles Gesetz aufzustellen.

Die Rolle, die der Grundsatz der Energieerhaltung in der Geschichte der Naturwissenschaften gespielt hat, darf nicht überbewertet werden. In seiner gegenwärtigen Form markiert er eine bestimmte Phase in der

> Er impliziert, dass ein System in seinen ursprünglichen Zustand zurückkehren kann. Vernachlässigt die Dauer und ist daher auf Lebewesen und bewusste Zustände nicht anwendbar.

Entwicklung bestimmter Wissenschaften, aber er war nicht der bestimmende Faktor in dieser Entwicklung, und es wäre falsch, ihn zum unverzichtbaren Postulat aller wissenschaftlichen Forschung zu machen. Gewiss, jede mathematische Operation, die wir mit einer gegebenen Größe durchführen, impliziert die Beständigkeit dieser Größe während des gesamten Verlaufs der Operation, wie auch immer wir sie aufteilen mögen. Mit anderen Worten: Was gegeben ist, ist gegeben, was nicht gegeben ist, ist nicht gegeben, und in welcher Reihenfolge wir auch immer dieselben Terme addieren, wir werden dasselbe Ergebnis erhalten. Die Wissenschaft wird für immer diesem Gesetz unterworfen bleiben, das nichts anderes ist als das Gesetz des Nicht-Widerspruchs; aber dieses Gesetz beinhaltet keine besondere Hypothese über die Art dessen, was wir als gegeben annehmen sollen, oder was konstant bleiben wird. Zweifellos sagt es uns, dass etwas nicht aus dem Nichts entstehen kann; aber allein die Erfahrung wird uns sagen, welche Aspekte oder Funktionen der Wirklichkeit vom Standpunkt der positiven Wissenschaft aus als etwas und welche als nichts gelten müssen. Kurz, um den Zustand eines bestimmten Systems zu einem bestimmten Zeitpunkt vorauszusehen, ist es absolut notwendig, dass etwas als konstante Größe durch eine Reihe von Kombinationen hindurch bestehen bleibt; aber es ist Sache der Erfahrung, über die Art dieses Etwas zu entscheiden und uns vor allem wissen zu lassen, ob es in allen möglichen Systemen vorkommt, ob sich also alle möglichen Systeme für unsere Berechnungen eignen. Es ist nicht sicher, dass alle Physiker vor Leibniz wie Descartes an die Erhaltung einer festen Bewegungsgröße im Universum glaubten: waren ihre Entdeckungen deshalb weniger wertvoll oder ihre Forschungen weniger erfolgreich? Selbst als Leibniz diesen Grundsatz durch den der Erhaltung der *vis viva ersetzt hatte, war es* nicht möglich, das Gesetz als ganz allgemein zu betrachten, da es eine offensichtliche Ausnahme für den Fall des direkten Zusammenstoßes zweier unelastischer Körper zuließ. So ist die Wissenschaft lange Zeit ohne einen universellen Erhaltungssatz ausgekommen. In seiner jetzigen Form und seit der Entwicklung der mechanischen Wärmetheorie scheint der Grundsatz der Energieerhaltung zwar für die gesamte Palette der physikalisch-chemischen

Phänomene zu gelten. Aber niemand kann sagen, ob die Untersuchung der physiologischen Phänomene im Allgemeinen und der nervösen Phänomene im Besonderen uns nicht neben der *vis viva* oder kinetischen Energie, von der Leibniz sprach, und der potentiellen Energie, die eine spätere und notwendige Ergänzung war, eine neue Art von Energie offenbaren wird, die sich von den beiden anderen dadurch unterscheiden mag, dass sie gegen die Berechnung rebelliert. Die physikalische Wissenschaft würde dadurch nichts von ihrer Exaktheit oder geometrischen Strenge verlieren, wie in letzter Zeit behauptet wurde: man würde nur erkennen, dass die konservativen Systeme nicht die einzigen möglichen Systeme sind, und vielleicht sogar, dass in der gesamten konkreten Wirklichkeit jedes dieser Systeme die gleiche Rolle spielt wie das Atom des Chemikers in den Körpern und ihren Kombinationen. Es sei darauf hingewiesen, dass die radikalste der mechanischen Theorien diejenige ist, die das Bewusstsein zu einem *Epiphänomen* macht, das unter bestimmten Umständen bestimmte molekulare Bewegungen begleiten kann. Wenn aber die molekulare Bewegung aus einem Nullpunkt des Bewusstseins eine Empfindung erzeugen kann, warum sollte das Bewusstsein nicht seinerseits eine Bewegung erzeugen, entweder aus einem Nullpunkt der kinetischen und potentiellen Energie, oder indem es diese Energie auf seine eigene Weise nutzt? Wir sollten auch bedenken, dass das Gesetz der Energieerhaltung nur auf ein System sinnvoll angewendet werden kann, dessen Punkte nach einer Bewegung in ihre vorherige Position zurückkehren können. Diese Rückkehr wird zumindest für möglich gehalten, und es wird angenommen, dass sich unter diesen Bedingungen nichts am ursprünglichen Zustand des Systems als Ganzes oder seiner Elemente ändern würde. Kurz gesagt, die Zeit kann sich nicht in sie verbeißen; und der instinktive, wenn auch vage, Glaube der Menschheit an die Erhaltung einer festen Menge an Materie, einer festen Menge an Energie, hat vielleicht seine Wurzel in der Tatsache, dass die träge Materie nicht zu bestehen oder irgendeine Spur der vergangenen Zeit zu bewahren scheint. Dies ist jedoch im Bereich des Lebens nicht der Fall. Hier scheint die Dauer durchaus wie eine Ursache zu wirken, und der Gedanke, die Dinge am Ende einer bestimmten Zeit wieder an ihren Platz zu stellen, birgt eine Art Absurdität in sich, da eine solche Rückwärtsbewegung bei einem Lebewesen niemals stattgefunden hat. Geben wir aber zu, dass die Absurdität nur eine Erscheinung ist, und dass die Unmöglichkeit, dass Lebewesen in die Vergangenheit zurückkehren können, einfach der Tatsache geschuldet ist, dass die physikalisch-chemischen Phänomene, die in lebenden Körpern ablaufen, unendlich komplex sind und sich niemals alle gleichzeitig wiederholen können: Zumindest wird man uns zugestehen, dass die Hypothese einer Rückwärtsbewegung in der Sphäre der bewussten Zustände fast bedeutungslos ist. Eine Empfindung wird durch die bloße Tatsache, dass sie verlängert wird, so verändert, dass sie unerträglich wird. Dasselbe bleibt hier nicht dasselbe, sondern wird durch die Gesamtheit seiner Vergangenheit verstärkt und aufgebläht. Kurzum, während der materielle Punkt, wie ihn die Mechanik versteht, in einer ewigen Gegenwart verharrt, ist die Vergangenheit vielleicht für lebende Körper und gewiss für bewusste Wesen eine Realität. Während die vergangene Zeit für ein als konservativ angenommenes System weder ein Gewinn noch ein Verlust ist, kann sie für das Lebewesen ein Gewinn sein, und für das bewusste Wesen ist sie unbestreitbar einer. Wenn dies der Fall ist ( ), spricht dann nicht viel für die Hypothese einer bewussten Kraft oder eines freien Willens, der sich unter dem Einfluss der Zeit und der Speicherung von Dauer dem Gesetz der Energieerhaltung entziehen kann?

In Wahrheit ist es nicht der Wunsch, den Anforderungen der positiven Wissenschaft gerecht zu werden, sondern eher ein psychologischer Irrtum, der dazu geführt hat, dass dieses abstrakte Prinzip der Mechanik als universelles Gesetz aufgestellt wurde. Da wir nicht gewohnt sind, uns selbst direkt zu beobachten, sondern uns durch Formen wahrzunehmen, die der äußeren Welt entlehnt sind, werden wir zu der Annahme verleitet, dass die wirkliche Dauer, die vom Bewusstsein gelebte Dauer, dieselbe ist wie die Dauer, die über die trägen Atome gleitet, ohne sie zu durchdringen und zu verändern. Daher ist es auch nicht absurd, die Dinge nach einer gewissen Zeit wieder an ihren Platz zu stellen, dieselben Motive auf dieselben Personen

> Die Idee der Universalität der Erhaltung beruht auf der Verwechslung von konkreter Dauer und abstrakter Zeit.

wirken zu lassen und daraus zu schließen, dass diese Ursachen wieder dieselbe Wirkung hervorrufen würden. Dass eine solche Hypothese keinen wirklichen Sinn hat, werden wir später noch beweisen. Vorerst wollen wir nur zeigen, dass wir, wenn wir einmal diesen Weg beschreiten, natürlich dazu verleitet werden, den Grundsatz der Energieerhaltung als universelles Gesetz aufzustellen. Denn damit haben wir gerade jenen Unterschied zwischen der äußeren und der inneren Welt beseitigt, der sich bei genauer Betrachtung als der wichtigste erweist: Wir haben die wahre Dauer mit der scheinbaren Dauer identifiziert. Danach wäre es absurd , die Zeit, auch *unsere* Zeit, als Ursache von Gewinn oder Verlust, als konkrete Realität oder als Kraft in ihrer eigenen Art zu betrachten. Während man also nur sagen müsste (wenn man sich von allen Voraussetzungen bezüglich des freien Willens fernhielte), dass das Gesetz der Energieerhaltung die physikalischen Phänomene regiert und eines Tages auf alle Phänomene ausgedehnt werden *kann*, wenn sich auch die psychologischen Tatsachen als günstig für dieses Gesetz erweisen, geht man weit darüber hinaus und legt unter dem Einfluss einer metaphysischen Vorliebe das Prinzip der Energieerhaltung als ein Gesetz fest, das alle Phänomene regieren *soll* oder muss, bis die psychologischen Tatsachen tatsächlich dagegen sprechen. Die Wissenschaft im eigentlichen Sinne hat also mit all dem nichts zu tun. Wir haben es einfach mit einer Verwechslung von konkreter Dauer und abstrakter Zeit zu tun, zwei sehr unterschiedlichen Dingen. Mit einem Wort, der sogenannte physikalische Determinismus ist im Grunde auf einen psychologischen Determinismus reduzierbar, und es ist diese letztere Lehre, die wir, wie wir eingangs angedeutet haben, zu untersuchen haben.

Der psychologische Determinismus in seiner letzten und präzisesten Form impliziert eine assoziative Auffassung des Geistes. Der gegenwärtige Bewusstseinszustand wird zunächst als durch die vorangegangenen Zustände bedingt angesehen, doch wird bald klar, dass es sich dabei nicht um eine geometrische Notwendigkeit handeln kann, wie sie zum

Beispiel eine Resultante mit ihren Bestandteilen verbindet. Denn zwischen aufeinanderfolgenden Bewusstseinszuständen besteht ein Qualitätsunterschied, der jeden Versuch, einen von ihnen *a priori* aus seinen Vorgängern abzuleiten, vereiteln wird. Man beruft sich also auf die Erfahrung, um zu zeigen, dass der Übergang von einem psychischen Zustand zum anderen immer durch einen einfachen Grund erklärt werden kann, wobei der zweite sozusagen dem Ruf des ersten gehorcht. Die Erfahrung zeigt dies in der Tat, und wir werden gerne zugeben, dass zwischen dem bestehenden Bewusstseinszustand und dem neuen Zustand, in den das Bewusstsein übergeht, immer eine Beziehung besteht. Aber ist diese Beziehung, die den Übergang erklärt, die Ursache desselben?

Dürfen wir hier berichten, was wir persönlich beobachtet haben? Bei der Wiederaufnahme eines Gesprächs, das für einige Augenblicke unterbrochen worden war, haben wir zufällig bemerkt, dass sowohl wir selbst als auch unser Freund gleichzeitig an einen neuen Gegenstand dachten. Der Grund dafür ist, so wird man sagen, dass jeder für seinen Teil die natürliche Entwicklung des Gedankens, bei dem das Gespräch unterbrochen worden war, weiterverfolgt hat: auf beiden Seiten hat sich dieselbe Reihe von Assoziationen gebildet. Es ist eine Tatsache, dass die beiden Sprecher den neuen Gesprächsgegenstand mit dem vorhergehenden verbinden: sie weisen sogar auf die dazwischenliegenden Gedanken hin; aber merkwürdigerweise verbinden sie den neuen Gedanken, zu dem sie beide gelangt sind, nicht immer mit demselben Punkt des vorhergehenden Gesprächs, und die beiden Reihen der dazwischenliegenden Assoziationen können ganz unterschiedlich sein. Was soll man daraus schließen, wenn nicht, dass dieser gemeinsame Gedanke auf eine unbekannte Ursache - vielleicht auf einen physikalischen Einfluss - zurückzuführen ist und dass er, um seine Entstehung zu rechtfertigen, eine Reihe von Vorläufern hervorgerufen hat, die ihn erklären und die scheinbar seine Ursache, in Wirklichkeit aber seine Wirkung sind?

Die Reihe von Assoziationen kann lediglich ein nachträglicher Versuch sein, einer neuen Idee Rechnung zu tragen.

Wenn ein Patient die im hypnotischen Zustand empfangene Suggestion zum vorgesehenen Zeitpunkt ausführt, wird die Handlung, die er vollzieht, seiner Meinung nach durch die vorangegangene Reihe seiner Bewusstseinszustände herbeigeführt. Doch diese Zustände sind in Wirklichkeit Wirkungen und nicht Ursachen: Es war notwendig, dass die Handlung stattfand; es war auch notwendig, dass der Patient sie sich selbst erklärte; und es ist die zukünftige Handlung, die durch eine Art Anziehung die ganze Reihe psychischer Zustände bestimmte, deren natürliche Folge sie sein soll. Die Deterministen werden sich auf dieses Argument stürzen: Es beweist, dass wir manchmal unwiderstehlich dem Willen eines anderen unterworfen sind. Zeigt es uns aber nicht auch, wie unser eigener Wille fähig ist, um des Wollens willen zu wollen und dann die vollzogene Handlung durch Vorgänge erklären zu lassen, deren Ursache er wirklich war?

Wenn wir uns selbst sorgfältig befragen, werden wir sehen , dass wir manchmal Motive abwägen und über sie nachdenken, wenn unser Entschluss bereits feststeht. Eine innere Stimme, die kaum wahrnehmbar ist, flüstert: "Warum dieses Abwägen? Du kennst doch das Ergebnis und bist dir ganz sicher, was du tun wirst." Aber egal! Es scheint, dass wir darauf bedacht sind, das Prinzip des Mechanismus zu bewahren und den Gesetzen der Assoziation von Ideen zu entsprechen. Das plötzliche Eingreifen des Willens ist eine Art *Staatsstreich*, den unser Verstand voraussieht und den er durch eine formale Überlegung im Voraus zu legitimieren versucht. Man könnte freilich die Frage stellen, ob der Wille, auch wenn er um des Wollens willen will, nicht einem entscheidenden Grund gehorcht, und ob das Wollen um des Wollens willen ein freies Wollen ist. Wir werden auf diesem Punkt vorerst nicht beharren. Es wird genügen, gezeigt zu haben, dass es, selbst wenn man den Standpunkt des Assoziationismus einnimmt, schwierig ist zu behaupten, dass eine Handlung absolut durch ihr Motiv und unsere Bewusstseinszustände durch einander bestimmt sind. Unter diesem trügerischen Schein offenbart uns eine aufmerksame Psychologie manchmal Wirkungen, die ihren Ursachen vorausgehen, und Phänomene psychischer Anziehung, die sich den bekannten Gesetzen der Assoziation von Ideen entziehen. Es ist jedoch an der Zeit zu fragen, ob nicht gerade der Standpunkt, den der Assoziationismus einnimmt, eine fehlerhafte Auffassung des Selbst und der Vielfalt der Bewusstseinszustände beinhaltet.

Der assoziative Determinismus stellt das Selbst als eine Ansammlung von psychischen Zuständen dar, von denen der stärkste einen vorherrschenden Einfluss ausübt und die anderen mit sich zieht. Diese Doktrin grenzt somit koexistierende psychische Phänomene scharf voneinander ab. "Ich hätte mich eines Mordes enthalten können", sagt Stuart Mill, "wenn meine Abneigung gegen das Verbrechen und meine Furcht vor seinen Folgen schwächer gewesen wäre als die Versuchung, die mich dazu trieb, es zu begehen."[2] Und ein wenig weiter: "Sein Wunsch, das Richtige zu tun, und seine Abneigung, das Falsche zu tun, sind stark genug, um ... jeden anderen Wunsch oder jede andere Abneigung zu überwinden, die mit ihnen in Konflikt geraten könnten."[3] Begehren, Abneigung, Furcht und Versuchung werden hier also als unterschiedliche Dinge dargestellt, deren getrennte Benennung keine Unannehmlichkeiten mit sich bringt. Selbst wenn er diese Zustände mit dem Selbst in Verbindung bringt, das sie erlebt, besteht der englische Philosoph immer noch darauf, klare Unterscheidungen zu treffen: "Der Konflikt besteht zwischen mir und mir selbst; zwischen (zum Beispiel) dem Wunsch nach einem Vergnügen und der Furcht vor Selbstvorwürfen."[4] Bain seinerseits widmet dem "Konflikt der Motive" ein ganzes Kapitel.[5] Darin bilanziert er Vergnügen und Schmerz als eine Vielzahl von Begriffen, denen man, zumindest abstrakt, eine eigene Existenz zuschreiben könnte. Man beachte, dass die Gegner des Determinismus damit einverstanden sind, ihm auf diesem Gebiet zu folgen. Auch sie sprechen von Assoziationen von Ideen und Konflikten von Motiven, und einer der fähigsten dieser Philosophen, Alfred Fouillée, geht so weit, die Idee der Freiheit selbst zu einem Motiv zu machen, das in der Lage ist, andere auszugleichen.[6] Hier liegt jedoch die Gefahr. Beide Parteien begeben sich in eine sprachliche Verwirrung, die

Der Assoziationismus beinhaltet eine fehlerhafte Vorstellung vom Selbst.

darauf zurückzuführen ist, dass die Sprache nicht dazu bestimmt ist, alle feinen Nuancen der inneren Zustände zu vermitteln.

Ich stehe z. B. auf, um das Fenster zu öffnen, und kaum bin ich aufgestanden, vergesse ich, was ich zu tun hatte. - Gut, wird man sagen; du hast zwei Vorstellungen verbunden, die eines zu erreichenden Ziels und die einer auszuführenden Bewegung: eine der Vorstellungen ist verschwunden, und nur die Vorstellung der Bewegung bleibt übrig. - Trotzdem setze ich mich nicht wieder hin; ich habe das verwirrte Gefühl, dass noch etwas zu tun ist. Dieses besondere Stehenbleiben ist also nicht dasselbe wie jedes andere Stehenbleiben; in der Haltung, die ich einnehme, ist die auszuführende Handlung gleichsam vorgezeichnet, so dass ich diese Haltung nur beizubehalten, sie zu studieren oder vielmehr innig zu fühlen brauche, um die für einen Augenblick verschwundene Idee wiederzufinden. Diese Vorstellung muss also das geistige Bild der beabsichtigten Bewegung und der eingenommenen Position mit einer bestimmten Färbung versehen haben, und diese Färbung wäre zweifellos nicht dieselbe gewesen, wenn das zu erreichende Ziel ein anderes gewesen wäre. Dennoch hätte die Sprache die Bewegung und die Stellung auf dieselbe Weise ausgedrückt; und der Assoziationismus hätte die beiden Fälle unterschieden, indem er gesagt hätte, dass mit der Vorstellung derselben Bewegung diesmal die Vorstellung eines neuen Ziels verbunden war: als ob die bloße Neuheit des zu erreichenden Ziels die Vorstellung der auszuführenden Bewegung nicht in gewissem Maße veränderte, obwohl die Bewegung selbst dieselbe blieb! Wir sollten also nicht sagen, dass das Bild einer bestimmten Position im Bewusstsein mit Bildern von verschiedenen zu erreichenden Zielen verbunden werden kann, sondern vielmehr, dass Positionen, die außen geometrisch identisch sind, dem Bewusstsein von innen her unterschiedlich erscheinen, je nach dem in Betracht gezogenen Ziel. Der Fehler des Assoziationismus besteht darin, dass er zuerst das qualitative Element der zu vollziehenden Handlung abschaffte und nur das geometrische und unpersönliche Element beibehielt: Mit der Idee dieser Handlung, die dadurch farblos wurde, musste dann ein spezifischer Unterschied assoziiert werden, um sie von vielen anderen Handlungen zu unterscheiden. Aber diese Assoziation ist das Werk des assoziierenden Philosophen, der meinen Geist studiert, und nicht das meines Geistes selbst.

Ich rieche an einer Rose und sofort kommen mir verworrene Kindheitserinnerungen in den Sinn. In Wahrheit sind diese Erinnerungen nicht durch den Duft der Rose hervorgerufen worden: Ich atme sie mit dem Duft selbst ein; das alles bedeutet sie für mich. Für andere wird er anders riechen. Sie werden sagen, es ist immer derselbe Duft, aber verbunden mit verschiedenen Vorstellungen. Ich bin durchaus bereit, dass Sie sich so ausdrücken; aber vergessen Sie nicht, dass Sie zuerst das persönliche Element aus den verschiedenen Eindrücken, die die Rose auf jeden von uns macht, entfernt haben; Sie haben nur den objektiven Aspekt beibehalten, den Teil des Rosenduftes, der öffentliches Eigentum ist und damit dem Raum gehört. Nur so war es möglich, der Rose und ihrem Duft einen Namen zu geben. Sie hielten es dann für notwendig, um unsere persönlichen Eindrücke voneinander zu unterscheiden, dem allgemeinen Begriff des Rosenduftes spezifische Merkmale hinzuzufügen. Und nun sagen Sie, dass unsere unterschiedlichen Eindrücke, unsere persönlichen Eindrücke, daraus resultieren, dass wir mit Rosenduft unterschiedliche Erinnerungen verbinden.

Aber die Assoziation, von der Sie sprechen, gibt es nur bei Ihnen, und zwar als Erklärungsansatz. So können wir, indem wir bestimmte Buchstaben eines Alphabets, die einer Reihe von bekannten Sprachen gemeinsam sind, nebeneinander stellen, einen charakteristischen Laut einer neuen Sprache recht gut nachahmen; aber weder mit einem dieser Buchstaben noch mit allen ist der Laut selbst gebildet worden.

Damit sind wir wieder bei der Unterscheidung angelangt, die wir oben zwischen der Vielheit des Nebeneinanders und der der Verschmelzung oder Durchdringung getroffen haben. Ein solches Gefühl, ein solcher Gedanke enthält eine unbestimmte Vielzahl von Bewusstseinszuständen; aber diese Vielzahl wird nicht wahrgenommen , es sei denn, sie breitet sich gleichsam in diesem homogenen Medium aus, das manche Dauer nennen, das aber in Wirklichkeit Raum ist. Wir werden dann Begriffe wahrnehmen, die einander äußerlich sind, und diese Begriffe werden nicht mehr die Bewusstseinszustände selbst sein, sondern ihre Symbole, oder, genauer gesagt, die Worte, die sie ausdrücken. Zwischen der Fähigkeit, sich ein homogenes Medium wie den Raum vorzustellen, und der Fähigkeit, mit Hilfe allgemeiner Vorstellungen zu denken, besteht, wie wir bereits dargelegt haben, ein enger Zusammenhang. Sobald wir versuchen, über einen Bewusstseinszustand Rechenschaft abzulegen, ihn zu analysieren, wird dieser Zustand, der vor allem persönlich ist, in unpersönliche, einander äußerliche Elemente aufgelöst, von denen jedes die Idee einer Gattung hervorruft und durch ein Wort ausgedrückt wird. Aber weil unsere Vernunft, ausgestattet mit der Idee des Raumes und der Macht, Symbole zu schaffen, diese vielfältigen Elemente aus dem Ganzen herauszieht, folgt daraus nicht, dass sie in ihm enthalten waren. Denn innerhalb des Ganzen nahmen sie keinen Raum ein und kümmerten sich nicht darum, sich mittels Symbolen auszudrücken; sie durchdrangen einander und verschmolzen ineinander. Der Assoziationismus begeht also den Fehler, das konkrete Phänomen, das sich im Geist abspielt, ständig durch die künstliche Rekonstruktion zu ersetzen, die die Philosophie ihm gibt, und so die Erklärung der Tatsache mit der Tatsache selbst zu verwechseln. Wir werden dies noch deutlicher erkennen, wenn wir tiefere und umfassendere psychische Zustände betrachten.

Das Selbst kommt mit der äußeren Welt an seiner Oberfläche in Berührung; und da diese Oberfläche den Abdruck von Objekten beibehält, wird das Selbst Begriffe, die es nebeneinander wahrgenommen hat, durch Kontiguität assoziieren: es sind Verbindungen dieser Art, Verbindungen von ganz einfachen und sozusagen unpersönlichen Empfindungen, auf die die assoziationistische Theorie passt. Aber in dem Maße, wie wir unter der Oberfläche graben und zum wirklichen

> Das Versagen des Assoziationismus bei der Erklärung der tieferen Zustände des Selbst.

Selbst hinabsteigen, hören seine Bewusstseinszustände auf, nebeneinander zu stehen, und beginnen, einander zu durchdringen und miteinander zu verschmelzen, und jeder wird von der Färbung aller anderen gefärbt. So hat jeder von uns seine eigene Art zu lieben und zu hassen; und diese Liebe oder dieser Hass spiegelt seine ganze Persönlichkeit wider. Die Sprache bezeichnet diese Zustände jedoch immer mit denselben Worten, so dass sie nur den objektiven und unpersönlichen Aspekt der Liebe, des Hasses und der tausend Emotionen, die die Seele bewegen, festzuhalten vermochte. Man schätzt das Talent eines Romanciers an der Kraft, mit der er Gefühle und Ideen aus dem gewöhnlichen Bereich heraushebt, auf den die Sprache sie gebracht hat, und ihnen durch das Hinzufügen von Einzelheiten ihre ursprüngliche und lebendige Individualität zurückzugeben versucht. Aber so wie wir immer wieder Punkte zwischen zwei Positionen eines sich bewegenden Körpers einfügen können, ohne den durchquerten Raum jemals auszufüllen, so gelingt es uns auch nicht, das, was unsere Seele erlebt, vollständig zu übersetzen, nur weil wir Zustände mit Zuständen assoziieren und diese Zustände nebeneinander stellen, anstatt sich gegenseitig zu durchdringen: gibt es keinen gemeinsamen Maßstab zwischen Geist und Sprache.

Daher ist es nur eine ungenaue, von der Sprache irregeführte Psychologie, die uns die Seele als von Sympathie, Abneigung oder Hass bestimmt zeigt, als ob so viele Kräfte auf sie einwirken. Diese Gefühle, sofern sie tief genug gehen, machen jeweils die ganze Seele aus, da sich in jedem von ihnen der ganze Inhalt der Seele widerspiegelt. Zu sagen, dass die Seele unter dem Einfluss irgendeines dieser Gefühle bestimmt wird, bedeutet also, anzuerkennen, dass sie selbstbestimmt ist. Der Assoziationist reduziert das Selbst auf ein Aggregat von Bewusstseinszuständen: Empfindungen, Gefühle und Ideen. Aber wenn er in diesen verschiedenen Zuständen nicht mehr sieht, als in ihrem Namen ausgedrückt wird, wenn er nur ihren unpersönlichen Aspekt beibehält, kann er sie für immer nebeneinander stellen, ohne etwas anderes als ein Phantom-

Selbst zu erhalten, den Schatten des Ichs, der sich in den Raum projiziert. Nimmt man dagegen diese psychischen Zustände mit der besonderen Färbung, die sie bei einer bestimmten Person annehmen, und die jedem von ihnen durch Reflexion von allen anderen zukommt, dann braucht man nicht mehrere Bewusstseinszustände zu verbinden, um die Person wiederherzustellen, denn die ganze Persönlichkeit steckt in einem einzigen von ihnen, vorausgesetzt, man weiß ihn zu wählen. Und die äußere Manifestation dieses inneren Zustands wird genau das sein, was man einen freien Akt nennt, da das Selbst allein der Urheber davon gewesen sein wird und da er das ganze Selbst zum Ausdruck bringen wird. Die so verstandene Freiheit ist nicht *absolut,* wie es eine radikal libertäre Philosophie gerne hätte; sie lässt Abstufungen zu. Denn es ist keineswegs so, dass alle Bewusstseinszustände miteinander verschmelzen wie Regentropfen mit dem Wasser eines Sees. Das Selbst, soweit es mit einem homogenen Raum zu tun hat, entwickelt sich auf einer Art Oberfläche, und auf dieser Oberfläche können sich unabhängige Auswüchse bilden und treiben. So geht eine im hypnotischen Zustand empfangene Suggestion nicht in die Masse der Bewusstseinszustände ein, sondern wird, mit einem Eigenleben ausgestattet, die ganze Persönlichkeit in Beschlag nehmen, wenn ihre Zeit gekommen ist. Ein heftiger Zorn, der durch einen zufälligen Umstand geweckt wird, ein vererbtes Laster, das plötzlich aus den dunklen Tiefen des Organismus an die Oberfläche des Bewusstseins tritt, wirkt fast wie eine hypnotische Suggestion. Neben diesen unabhängigen Elementen gibt es komplexere Reihen, deren Begriffe sich zwar gegenseitig durchdringen, die sich aber nie vollkommen mit der Gesamtmasse des Ichs vermischen können. Dies ist das System von Gefühlen und Ideen, die das Ergebnis einer nicht richtig assimilierten Erziehung sind, einer Erziehung, die eher an das Gedächtnis als an das Urteilsvermögen appelliert. Hier findet man innerhalb des grundlegenden Selbst ein parasitäres Selbst, das sich ständig in das andere einmischt. Viele leben diese Art von Leben und sterben, ohne die wahre Freiheit kennengelernt zu haben. Aber die Suggestion würde zur Überzeugung werden, wenn das ganze Ich sie sich zu eigen machen würde; die

Leidenschaft, selbst die plötzliche, würde nicht mehr den Stempel der Fatalität tragen, wenn sich die ganze Geschichte der Person in ihr widerspiegeln würde, wie in der Empörung von Alceste;[7] und die autoritärste Erziehung würde unsere Freiheit nicht einschränken, wenn sie uns nur Ideen und Gefühle vermittelte, die die ganze Seele zu durchdringen vermögen. Es ist in der Tat die ganze Seele, die die freie Entscheidung hervorbringt: und die Handlung wird um so freier sein, je mehr die dynamische Reihe, mit der sie verbunden ist, dazu neigt, das grundlegende Selbst zu sein.

So verstanden sind freie Handlungen die Ausnahme, selbst bei denjenigen, die ihre Handlungen am besten kontrollieren und durchdenken können. Es wurde darauf hingewiesen, dass wir unser eigenes Selbst im Allgemeinen durch Brechung im Raum wahrnehmen, dass sich unsere bewussten Zustände in Worten kristallisieren und dass unser lebendiges und konkretes Selbst auf diese Weise mit einer äußeren Kruste von sauber geschnittenen psychischen Zuständen überzogen wird, die voneinander getrennt und folglich fixiert sind. Wir fügten hinzu, dass wir für die Bequemlichkeit der Sprache und die Förderung sozialer Beziehungen alles gewinnen, wenn wir diese Kruste nicht durchbrechen und annehmen, dass sie einen genauen Umriss der Form des Objekts, das sie bedeckt, wiedergibt. Nun ist hinzuzufügen, dass unsere täglichen Handlungen nicht so sehr durch unsere Gefühle selbst hervorgerufen werden, die sich ständig ändern, sondern durch die unveränderlichen Bilder, mit denen diese Gefühle verbunden sind. Morgens, wenn die Stunde schlägt, zu der ich aufzustehen gewohnt bin, könnte ich diesen Eindruck σὺν ὅλῃ τῇ ψυχῇ, wie Plato sagt, empfangen; ich könnte ihn mit der verworrenen Masse von Eindrücken, die mein Gemüt erfüllen, verschmelzen lassen; vielleicht würde er mich in diesem Fall nicht zum Handeln bestimmen. Aber im allgemeinen stört dieser Eindruck nicht mein ganzes Bewußtsein wie ein Stein, der in das Wasser eines Teiches fällt, sondern er weckt nur eine Idee, die sozusagen an der Oberfläche erstarrt ist,

> Unsere alltäglichen Handlungen gehorchen den Gesetzen der Assoziation. In großen Krisen sind unsere Entscheidungen wirklich frei, da sie das grundlegende Selbst zum Ausdruck bringen.

die Idee, aufzustehen und meinen gewohnten Beschäftigungen nachzugehen. Dieser Eindruck und diese Idee haben sich schließlich miteinander verbunden, so dass die Handlung dem Eindruck folgt, ohne dass das Selbst sich einmischt. In diesem Fall bin ich ein bewusster Automat, und ich bin so, weil ich alles daran setze, so zu sein. Man wird feststellen, dass die meisten unserer täglichen Handlungen auf diese Weise ausgeführt werden und dass Eindrücke von außen aufgrund der Verfestigung von Empfindungen, Gefühlen oder Ideen in unserem Gedächtnis Bewegungen bei uns hervorrufen, die, obwohl sie bewusst und sogar intelligent sind, viele Ähnlichkeiten mit Reflexhandlungen haben. Auf diese Handlungen, die sehr zahlreich, aber größtenteils unbedeutend sind, ist die Theorie der Assoziationen anwendbar. Sie sind allesamt das Substrat unserer freien Aktivität und spielen in Bezug auf diese Aktivität die gleiche Rolle wie unsere organischen Funktionen in Bezug auf das Ganze unseres bewussten Lebens. Darüber hinaus werden wir dem Determinismus zugestehen, dass wir in ernsteren Situationen oft unsere Freiheit aufgeben und dass wir durch Trägheit oder Trägheit denselben lokalen Prozess seinen Lauf nehmen lassen, während unsere ganze Persönlichkeit sozusagen vibrieren sollte. Wenn unsere vertrauenswürdigsten Freunde uns übereinstimmend raten, einen wichtigen Schritt zu tun, setzen sich die Gefühle, die sie mit so viel Nachdruck äußern, an der Oberfläche unseres Ichs fest und verfestigen sich dort auf dieselbe Weise wie die Ideen, von denen wir soeben gesprochen haben. Nach und nach werden sie eine dicke Kruste bilden, die unsere eigenen Gefühle verdeckt; wir werden glauben, dass wir frei handeln, und erst später, wenn wir in die Vergangenheit zurückblicken, werden wir sehen, wie sehr wir uns geirrt haben. Aber dann, in dem Augenblick, in dem die Handlung ausgeführt werden soll, kann sich *etwas* dagegen auflehnen. Es ist das tief sitzende Selbst, das an die Oberfläche drängt. Es ist die äußere Kruste, die aufbricht und plötzlich einem unwiderstehlichen Schub nachgibt. In den Tiefen des Ichs, unter diesem höchst vernünftigen Grübeln über höchst vernünftige Ratschläge, ging also etwas anderes vor sich - eine allmähliche Erhitzung und ein plötzliches Überkochen von Gefühlen und Ideen, nicht unbemerkt, sondern eher unbemerkt. Wenn wir uns zurückerinnern und unser Gedächtnis genau untersuchen, werden wir sehen, dass wir diese Ideen selbst geformt, diese Gefühle selbst gelebt haben, dass wir sie aber durch einen seltsamen Widerwillen gegen die Ausübung unseres Willens in die dunkelsten Tiefen unserer Seele zurückgedrängt haben , sobald sie an die Oberfläche kamen. Und deshalb suchen wir vergeblich, unseren plötzlichen Sinneswandel durch die sichtbaren Umstände zu erklären, die ihm vorausgingen. Wir wollen wissen, warum wir uns entschieden haben, und stellen fest, dass wir uns ohne jeden Grund, vielleicht sogar gegen jede Vernunft entschieden haben. Aber in manchen Fällen ist das der beste aller Gründe. Denn die Handlung, die wir vollzogen haben, drückt dann nicht irgendeine oberflächliche Idee aus, die fast außerhalb von uns selbst liegt, eindeutig und leicht zu erklären ist: Sie stimmt mit der Gesamtheit unserer intimsten Gefühle, Gedanken und Bestrebungen überein, mit jener besonderen Vorstellung vom Leben, die das Äquivalent all unserer bisherigen Erfahrungen ist, mit einem Wort, mit unserer persönlichen Vorstellung von Glück und von Ehre. Es war daher ein Fehler, Beispiele in den gewöhnlichen und sogar gleichgültigen Lebensumständen zu suchen, um zu beweisen, dass der Mensch fähig ist, ohne Motiv zu wählen.

Es ließe sich leicht zeigen, dass diese unbedeutenden Handlungen mit einem entscheidenden Grund verbunden sind. Gerade in der großen und feierlichen Krise, die für unser Ansehen bei anderen und noch mehr bei uns selbst entscheidend ist, entscheiden wir uns ohne das, was man gemeinhin ein Motiv nennt, und dieses Fehlen eines greifbaren Grundes ist umso auffälliger, je tiefer unsere Freiheit geht.

Aber der Determinist, selbst wenn er davon absieht, die schwerwiegenderen Emotionen oder tiefsitzenden psychischen Zustände als Kräfte zu betrachten, unterscheidet sie dennoch voneinander und wird so zu einer mechanischen Auffassung des Selbst geführt. Er zeigt uns dieses Selbst, das zwischen zwei gegensätzlichen

> Der Determinismus stellt auf der einen Seite das Ego, das sich immer mit sich selbst identifiziert, und auf der anderen Seite die gegensätzlichen Gefühle. Aber das ist reine Symbolik.

Gefühlen schwankt, von einem zum anderen übergeht und sich schließlich für eines von ihnen entscheidet. Das Selbst und die Gefühle, die es bewegen, werden so als klar definierte Objekte behandelt, die während des gesamten Prozesses identisch bleiben. Wenn es aber immer dasselbe Ich ist, das überlegt, und wenn die beiden gegensätzlichen Gefühle, von denen es bewegt wird, sich nicht ändern, wie soll das Ich dann aufgrund eben dieses Kausalitätsprinzips, auf das sich der Determinismus beruft, jemals zu einer Entscheidung kommen? Die Wahrheit ist, dass sich das Ich allein durch die Tatsache, dass es das erste Gefühl erlebt hat, bereits ein wenig verändert hat, wenn das zweite auftritt: Während der ganzen Zeit, in der die Überlegung im Gange ist, verändert sich das Ich und modifiziert folglich die beiden Gefühle, die es bewegen. So entsteht eine dynamische Reihe von Zuständen, die sich gegenseitig durchdringen und verstärken und durch eine natürliche Entwicklung zu einer freien Handlung führen werden. Aber der Determinismus, der sich immer nach symbolischer Darstellung sehnt, kann nicht umhin, die gegensätzlichen Gefühle, die das Ich mit ihnen teilt, sowie das Ich selbst durch Worte zu ersetzen. Indem er zuerst der Person und dann den Gefühlen, von denen sie bewegt wird, durch scharf umrissene Worte eine feste Form gibt, beraubt er sie im Voraus jeder Art von lebendiger Aktivität. Er wird dann auf der einen Seite ein immer selbstidentisches Ich sehen und auf der anderen Seite gegensätzliche, ebenfalls selbstidentische Gefühle, die um seinen Besitz streiten; der Sieg wird notwendig dem Stärkeren gehören.

Aber dieser Mechanismus, zu dem wir uns von vornherein verurteilt haben, hat keinen Wert, der über den einer symbolischen Darstellung hinausgeht: er kann nicht gegen das Zeugnis eines aufmerksamen Bewusstseins bestehen, das uns die innere Dynamik als Tatsache zeigt.

Kurz gesagt, wir sind frei, wenn unsere Handlungen unserer ganzen Persönlichkeit entspringen, wenn sie diese zum Ausdruck bringen, wenn jene undefinierbare Ähnlichkeit mit ihr besteht, die man manchmal zwischen dem Künstler und seinem Werk findet. Es ist sinnlos zu

Freiheit und Charakter. Der Determinist fragt als Nächstes, ob Ihre Handlung anders hätte sein können oder ob sie vorhersehbar ist.

behaupten, dass wir uns dann dem allmächtigen Einfluss unseres Charakters beugen. Unser Charakter ist immer noch wir selbst; und weil wir die Person gerne in zwei Teile spalten, um durch eine Anstrengung der Abstraktion abwechselnd das Ich, das fühlt oder denkt, und das Ich, das handelt, zu betrachten, wäre es sehr seltsam, daraus zu schließen, dass eines der beiden Ichs das andere zwingt. Diejenigen, die fragen, ob wir frei sind, unseren Charakter zu verändern, setzen sich demselben Einwand aus. Sicherlich verändert sich unser Charakter jeden Tag unmerklich, und unsere Freiheit würde darunter leiden, wenn diese neuen Errungenschaften auf unser Selbst aufgepfropft würden und nicht mit ihm verschmolzen wären. Aber sobald diese Vermischung stattfindet, muss man zugeben, dass die Veränderung, die sich in unserem Charakter vollzogen hat, zu uns gehört, dass wir sie uns angeeignet haben. Mit einem Wort, wenn man sich darauf einigt, jede Handlung als frei zu bezeichnen, die aus dem Ich und nur aus dem Ich entspringt, dann ist die Handlung , die das Zeichen unserer Persönlichkeit trägt, wirklich frei, denn unser Ich allein wird Anspruch auf ihre Vaterschaft erheben. Man würde also anerkennen, dass der freie Wille eine Tatsache ist, wenn man sich darauf einigen würde, ihn in einem bestimmten Merkmal der getroffenen Entscheidung, in der freien Handlung selbst, zu suchen. Aber der Determinist spürt, dass er diese Position nicht halten kann, und flüchtet sich in die Vergangenheit oder in die Zukunft. Manchmal versetzt er sich gedanklich in eine frühere Zeit und behauptet, dass die kommende Handlung von diesem Augenblick an notwendig bestimmt ist; manchmal nimmt er an, dass die Handlung bereits vollzogen ist, und behauptet, dass sie nicht anders hätte erfolgen können. Die Gegner des Determinismus selbst folgen ihm bereitwillig auf dieses neue Terrain und erklären sich bereit, in ihre Definition des freien Aktes - vielleicht nicht ohne ein gewisses Risiko - die Vorwegnahme dessen, was wir tun könnten, und die Erinnerung an eine andere Entscheidung, die wir hätten treffen können, aufzunehmen. Es ist also ratsam, sich auf diesen neuen Standpunkt zu begeben und, abgesehen von jeder Übersetzung in Worte und jeder Symbolik im Raum, darauf zu achten, was uns das reine Bewusstsein allein über eine vollzogene oder noch bevorstehende Handlung zeigt. Der ursprüngliche Irrtum des Determinismus und der Irrtum seiner Gegner wird so von einer anderen Seite her begriffen werden, insofern sie sich ausdrücklich auf eine bestimmte falsche Auffassung von Dauer beziehen.

"Sich des freien Willens bewusst zu sein", sagt Stuart Mill, "muss bedeuten, dass ich mir, bevor ich mich entschieden habe, bewusst bin, dass ich in der Lage bin, mich so oder so zu entscheiden.[8] Dies ist tatsächlich die Art und Weise, wie die Verfechter des freien Willens ihn verstehen; und sie behaupten, dass, wenn wir eine Handlung aus freien Stücken ausführen, eine andere Handlung "ebenso möglich" gewesen wäre. In diesem Punkt berufen sie sich auf das Zeugnis des Bewusstseins, das uns über die eigentliche Handlung hinaus die Macht zeigt, uns für die entgegengesetzte Richtung zu entscheiden. Umgekehrt behauptet der Determinismus, dass unter bestimmten Voraussetzungen nur eine einzige resultierende Handlung möglich war. "Wenn wir uns hypothetisch vorstellen", so Stuart Mill weiter, "dass wir anders gehandelt haben, als wir es getan haben, nehmen wir immer einen Unterschied in den Vorbedingungen an. Wir stellen uns vor, dass wir etwas gewusst haben, was wir nicht wussten, oder dass wir etwas nicht wussten, was wir wussten."[9] Und getreu seinem Prinzip weist der englische Philosoph dem Bewusstsein die Rolle zu, uns über das, was ist, zu informieren, nicht über das, was sein könnte. Auf diesem letzten Punkt wollen wir vorerst nicht bestehen: Wir behalten uns die Frage vor, in welchem Sinne das Ich sich als bestimmende Ursache wahrnimmt. Aber neben dieser psychologischen Frage gibt es noch eine andere, die eher zur Metaphysik gehört und die die Deterministen und ihre Gegner *a priori* auf entgegengesetzten Wegen lösen. Das Argument von setzt voraus, dass es nur eine mögliche Handlung gibt, die einer gegebenen Vorgeschichte entspricht; die Anhänger des freien Willens gehen dagegen davon aus, dass dieselbe Folge zu mehreren verschiedenen, gleich möglichen Handlungen führen kann. Auf diese Frage der gleichen Möglichkeit zweier gegensätzlicher Handlungen oder Willensäußerungen wollen wir zunächst eingehen: vielleicht können wir auf diese Weise einige Hinweise auf die Art der Operation gewinnen, durch die der Wille seine Wahl trifft.

Ich schwanke zwischen zwei möglichen Handlungen X und Y, und ich gehe abwechselnd von der einen zur anderen. Das bedeutet, dass ich eine Reihe von Zuständen durchlaufe, und dass diese Zustände in zwei Gruppen eingeteilt werden können, je nachdem, ob ich mehr zu X oder in die entgegengesetzte Richtung neige. In der Tat haben allein diese gegensätzlichen Neigungen eine reale Existenz, und X und Y sind zwei Symbole, mit denen ich an ihren Ankunfts- oder Endpunkten sozusagen zwei verschiedene Tendenzen meiner Persönlichkeit in aufeinanderfolgenden Momenten der Dauer darstelle. Bezeichnen wir also lieber die Tendenzen selbst mit X und Y; wird diese neue Schreibweise ein getreueres Bild der konkreten Wirklichkeit geben? Es ist zu beachten, dass das Selbst, wie wir oben sagten, wächst, sich ausdehnt und verändert, während es die beiden gegensätzlichen Zustände durchläuft: wie könnte es sonst jemals zu einer Entscheidung kommen? Es gibt also nicht genau zwei gegensätzliche Zustände, sondern eine große Anzahl von aufeinanderfolgenden und unterschiedlichen Zuständen, innerhalb derer ich durch eine Anstrengung der Vorstellungskraft zwei entgegengesetzte Richtungen unterscheiden kann.

So werden wir der Wirklichkeit noch näher kommen, wenn wir uns darauf einigen, die unveränderlichen Zeichen X und Y zu verwenden, um nicht diese Tendenzen oder Zustände selbst zu bezeichnen, da sie sich ständig ändern, sondern die zwei verschiedenen Richtungen, die unsere Einbildungskraft ihnen zur größeren Bequemlichkeit der Sprache zuschreibt. Man wird auch verstehen, dass es sich dabei um symbolische Darstellungen handelt, dass es in Wirklichkeit nicht zwei Tendenzen oder gar zwei Richtungen gibt, sondern ein Selbst, das durch sein eigenes Zögern lebt und sich entwickelt, bis die freie Handlung von ihm abfällt wie eine überreife Frucht.

Aber diese Vorstellung von freiwilliger Aktivität befriedigt den gesunden Menschenverstand nicht, weil er, der im Wesentlichen ein Anhänger des Mechanismus ist, klare Unterscheidungen liebt, solche, die durch scharf definierte Worte oder durch verschiedene Positionen im Raum ausgedrückt werden. Daher wird er sich ein Selbst vorstellen, das, nachdem es eine Reihe M O von Bewusstseinszuständen durchlaufen hat, wenn es den Punkt O erreicht, vor sich zwei Richtungen O X und O Y findet, die gleichermaßen offen sind. Diese Richtungen werden so zu *Dingen, zu* wirklichen Wegen, in die die Hochstraße des Bewusstseins führt, und es hängt nur vom Selbst ab, welche von ihnen betreten wird. Kurz gesagt, die kontinuierliche und lebendige Tätigkeit dieses Selbst, in der wir nur durch Abstraktion zwei entgegengesetzte Richtungen unterschieden haben, wird durch diese Richtungen selbst ersetzt, die sich in gleichgültige, träge Dinge verwandeln, die unserer Wahl harren. Aber dann müssen wir die Aktivität des Selbst sicherlich irgendwohin verlegen. Wir werden sie nach dieser Hypothese an den Punkt O verlegen: wir werden sagen, dass das Ich, wenn es O erreicht und zwei Wege offen vorfindet, zögert, überlegt und sich schließlich für einen von ihnen entscheidet. Da es uns schwerfällt, uns die doppelte Richtung der bewussten Tätigkeit in allen Phasen ihrer kontinuierlichen Entwicklung vorzustellen, trennen wir diese beiden Tendenzen einerseits und die Tätigkeit des Ichs andererseits: Wir erhalten also ein unparteiisch tätiges Ich, das zwischen zwei trägen und gleichsam erstarrten Handlungsmöglichkeiten zögert. Wenn es sich nun für O X entscheidet, bleibt dennoch die Linie O Y bestehen; wenn es O Y wählt, bleibt der Weg O X offen und wartet darauf, dass das Ich seine Schritte zurückverfolgt, um ihn zu nutzen. In diesem Sinne sagen wir, wenn wir von einer freien Handlung sprechen, dass die gegenteilige Handlung ebenso möglich war. Und auch wenn wir keine geometrische Figur auf dem Papier zeichnen, denken wir unwillkürlich und fast unbewusst an sie, sobald wir im freien Akt eine Reihe von aufeinanderfolgenden Phasen unterscheiden, die

> Die einzige Realität ist das lebendige, sich entwickelnde Selbst, in dem wir durch Abstraktion zwei entgegengesetzte Tendenzen oder Richtungen unterscheiden.

Vorstellung von entgegengesetzten Motiven, das *Zögern* und die *Wahl - und so* die geometrische Symbolik unter einer Art verbaler Kristallisation verstecken. Es ist nun leicht zu erkennen, dass diese wirklich mechanische Auffassung von Freiheit ganz natürlich und logisch in den unbeugsamsten Determinismus mündet.

Die lebendige Tätigkeit des Ichs, in der wir durch Abstraktion zwei entgegengesetzte Tendenzen unterscheiden, wird schließlich entweder auf X oder Y hinauslaufen. Da man sich nun darauf geeinigt hat, die doppelte Tätigkeit des Ichs im Punkt O zu lokalisieren, gibt es keinen Grund, diese Tätigkeit von der Handlung zu trennen, in der sie münden wird und die einen Teil von ihr bildet. Und wenn die Erfahrung zeigt, dass die Entscheidung für X gefallen ist, dann ist es keine neutrale Tätigkeit, die man im Punkt O ansiedeln sollte, sondern eine Tätigkeit, die trotz scheinbaren Zögerns in die Richtung O X tendiert. Wenn hingegen die Beobachtung beweist, dass die Entscheidung zugunsten von Y gefallen ist, müssen wir daraus schließen, dass die von uns im Punkt O lokalisierte Aktivität trotz einiger Schwingungen in Richtung der ersten Richtung in diese zweite Richtung gebogen wurde. Zu behaupten, dass das Ich, wenn es den Punkt O erreicht, gleichgültig zwischen X und Y wählt, bedeutet, auf halbem Wege unserer geometrischen Symbolik stehen zu bleiben; es bedeutet, am Punkt O nur einen Teil dieser kontinuierlichen Aktivität abzutrennen, in der wir zweifellos zwei verschiedene Richtungen unterschieden haben, die aber darüber hinaus nach X oder Y gegangen ist: warum diese letzte Tatsache nicht ebenso berücksichtigen wie die beiden anderen? Warum sollte man ihr nicht den Platz zuweisen, der ihr in der symbolischen Figur, die wir gerade konstruiert haben, zukommt? Aber wenn das Selbst, wenn es den Punkt O erreicht, bereits in eine Richtung bestimmt ist, nützt es nichts, wenn der andere Weg offen bleibt, das Selbst kann ihn nicht einschlagen. Und dieselbe grobe Symbolik, die die Kontingenz der ausgeführten Handlung zeigen sollte,

> Wenn diese Symbolik den Tatsachen entspricht, hat die Aktivität des Selbst immer in eine Richtung tendiert, und es entsteht Determinismus.

endet durch eine natürliche Erweiterung darin, ihre absolute Notwendigkeit zu beweisen.

Kurzum, Befürworter und Gegner der Willensfreiheit sind sich einig in der Annahme, dass der Handlung eine Art mechanisches Pendeln zwischen zwei Punkten X und Y vorausgeht. Die anderen werden antworten: Du hast dich für X entschieden, also hattest du einen Grund dafür, und diejenigen, die erklären, dass Y ebenso möglich war, vergessen diesen Grund: Sie lassen eine der Bedingungen des Problems beiseite. Wenn ich nun diesen beiden entgegengesetzten Lösungen auf den Grund gehe, entdecke ich ein gemeinsames Postulat: Beide nehmen ihre Position ein, nachdem die Handlung X ausgeführt wurde, und stellen den Prozess meiner freiwilligen Tätigkeit durch einen Weg M O dar, der sich am Punkt O verzweigt, wobei die Linien O X und O Y die beiden Richtungen symbolisieren, die die Abstraktion innerhalb der kontinuierlichen Tätigkeit, deren Ziel X ist, unterscheidet. Aber während die Deterministen alles berücksichtigen, was sie wissen, und feststellen, dass der Weg M O X durchlaufen wurde, meinen ihre Gegner, eine der Daten zu ignorieren, mit denen sie die Figur konstruiert haben, und nachdem sie die Linien O X und O Y, die zusammen den Fortschritt der Aktivität des Selbst darstellen sollten, nachgezeichnet haben, bringen sie das Selbst zum Punkt O zurück, um dort bis zu weiteren Befehlen zu schwingen.

> Die Libertären ignorieren die Tatsache, dass der eine Weg gewählt wurde und nicht der andere.

Man darf nämlich nicht vergessen, dass die Figur, die in Wirklichkeit eine Aufspaltung unserer psychischen Aktivität im Raum ist, rein symbolisch ist und als solche nicht konstruiert werden kann, es sei denn, man geht von der Hypothese aus, dass unsere Überlegungen abgeschlossen sind und unser Geist sich entschieden hat. Wenn man sie im Voraus verfolgt, geht man davon aus, dass man das Ende erreicht hat und in der Vorstellung beim letzten Akt anwesend ist. Kurzum, diese Figur zeigt mir nicht die Tat im Tun, sondern die bereits vollbrachte

> Die Abbildung gibt jedoch nur die stereotype Erinnerung an den Prozess wieder, nicht aber den dynamischen Fortschritt, der in der Reihe entstanden ist.

Tat. Fragen Sie mich also nicht, ob das Ich, nachdem es den Weg M O zurückgelegt und sich für X entschieden hat, Y wählen könnte oder nicht: Ich würde antworten, dass die Frage sinnlos ist, denn es gibt keine Linie M O, keinen Punkt O, keinen Weg O X, keine Richtung O Y. Eine solche Frage zu stellen, hieße, die Möglichkeit zuzulassen, die Zeit durch den Raum und eine Folge durch eine Gleichzeitigkeit adäquat darzustellen. Es bedeutet, der Figur, die wir nachgezeichnet haben, den Wert einer Beschreibung und nicht nur den eines Symbols zuzuschreiben; es bedeutet zu glauben, dass es möglich ist, den Prozess der psychischen Aktivität auf dieser Figur zu verfolgen wie den Marsch einer Armee auf einer Landkarte. Wir waren bei den Überlegungen des Ichs in all seinen Phasen anwesend, bis der Akt vollzogen wurde: dann rekapitulieren wir die Begriffe der Reihe, nehmen die Abfolge in Form von Gleichzeitigkeit wahr, projizieren die Zeit in den Raum und stützen unsere Überlegungen bewusst oder unbewusst auf diese geometrische Figur. Aber diese Figur repräsentiert eine *Sache* und nicht einen *Fortschritt*; sie entspricht in ihrer Trägheit einer Art stereotyper Erinnerung an den gesamten Prozess der Überlegung und der schließlich getroffenen Entscheidung: wie könnte sie uns auch nur die geringste Vorstellung von der konkreten Bewegung, dem dynamischen Fortschritt vermitteln, durch den die Überlegung in die Tat umgesetzt wurde? Und doch, sobald die Figur konstruiert ist, gehen wir in der Phantasie in die Vergangenheit zurück und werden glauben, dass unsere psychische Aktivität genau dem von der Figur vorgezeichneten Weg gefolgt ist. Wir verfallen also in den Fehler, auf den oben hingewiesen wurde: Wir geben eine mechanische Erklärung für eine Tatsache, und ersetzen dann die Erklärung durch die Tatsache selbst. Damit stoßen wir von Anfang an auf unüberwindliche Schwierigkeiten: Wenn beide Wege gleichermaßen möglich waren, wie haben wir dann unsere Wahl getroffen? Wenn nur einer von ihnen möglich war, warum haben wir uns dann für frei gehalten? Und wir sehen nicht, dass beide Fragen darauf zurückführen: Ist die Zeit der Raum?

Wenn ich eine auf der Karte eingezeichnete Straße überfliege und ihr bis zu einem bestimmten Punkt folge, hindert mich nichts daran, umzukehren und zu versuchen herauszufinden, ob sie irgendwo abzweigt. Aber die Zeit ist keine Linie, auf der man wieder zurückgehen kann. Gewiss, wenn sie einmal verstrichen ist, ist es gerechtfertigt, sich die aufeinanderfolgenden Momente als außerhalb voneinander liegend vorzustellen und so an eine Linie zu denken, die den Raum durchquert; aber es muss dann verstanden werden, dass diese Linie nicht die

> Grundle-
> gender Irrtum
> ist die Ver-
> wechslung von
> Zeit und Raum
> Das Selbst ist
> unfehlbar,
> wenn es die
> unmittelbare
> Erfahrung der
> Freiheit bejaht,
> kann sie aber
> nicht erklären.

Zeit symbolisiert, die vergeht, sondern die Zeit, die vergangen ist. Befürworter und Gegner der Willensfreiheit vergessen dies gleichermaßen - erstere, wenn sie behaupten, und letztere, wenn sie die Möglichkeit leugnen, anders zu handeln als wir es getan haben. Die ersteren argumentieren so: "Der Weg ist noch nicht vorgezeichnet, deshalb kann er jede beliebige Richtung einschlagen." Die Antwort darauf lautet: "Ihr vergesst, dass man erst dann von einem Weg sprechen kann, wenn die Handlung vollzogen ist; dann aber wird er vorgezeichnet sein." Die Letzteren sagen: "Der Weg ist so und so vorgezeichnet worden: also war seine mögliche Richtung nicht irgendeine Richtung, sondern nur diese eine Richtung." Die Antwort darauf lautet: "Bevor der Weg aufgezeichnet wurde, gab es keine Richtung, weder eine mögliche noch eine unmögliche, aus dem einfachen Grund, dass von einem Weg noch keine Rede sein konnte." Befreien Sie sich von dieser plumpen Symbolik, deren Idee Sie unbewusst befällt, und Sie werden sehen, dass das Argument der Deterministen diese kindische Form annimmt: "Die Handlung, die einmal vollzogen wurde, ist vollzogen", und dass ihre Gegner antworten: "Die Handlung war, bevor sie vollzogen wurde, noch nicht vollzogen". Mit anderen Worten, die Frage nach der Freiheit bleibt nach dieser Diskussion genau dort, wo sie am Anfang war; das muss uns auch nicht wundern, denn die Freiheit muss in einer bestimmten Nuance oder Qualität der Handlung selbst gesucht werden und nicht in der Beziehung dieser Handlung zu dem, was sie nicht ist oder was sie hätte sein können. Die ganze Schwierigkeit rührt daher, dass beide Parteien sich die Überlegung in Form einer Schwingung im Raum vorstellen, während sie in Wirklichkeit in einem dynamischen Fortschritt besteht, bei dem das Ich und seine Motive, wie echte Lebewesen, in einem ständigen Zustand des Werdens sind. Das Ich, unfehlbar, wenn es seine unmittelbaren Erfahrungen bejaht, fühlt sich frei und sagt dies auch; sobald es aber versucht, sich seine Freiheit zu erklären, nimmt es sich nur noch durch eine Art Brechung im Raum wahr. Daraus ergibt sich eine Symbolik mechanischer Art, die ebenso wenig in der Lage ist, den freien Willen zu beweisen, zu widerlegen oder zu veranschaulichen.

Aber der Determinismus will sich nicht geschlagen geben und stellt die Frage in einer neuen Form, indem er sagt: "Lassen wir die bereits vollzogenen Handlungen beiseite und betrachten wir nur die zukünftigen Handlungen. Die Frage ist, ob eine höhere Intelligenz, die von jetzt an alle zukünftigen Vorgänge kennt, nicht in der Lage wäre, mit absoluter Sicherheit die Entscheidung vorherzusagen, die sich daraus ergeben wird." -Wir stimmen gerne zu, dass die Frage so formuliert wird: Das gibt uns die Möglichkeit, unsere eigene Theorie präziser zu formulieren. Aber wir werden zunächst einen Unterschied machen zwischen denjenigen, die meinen, dass die Kenntnis der Vorgeschichte uns in die Lage versetzen würde, eine *wahrscheinliche* Schlussfolgerung anzugeben, und denjenigen, die von einer *unfehlbaren* Voraussicht sprechen. Zu sagen, dass ein bestimmter Freund unter bestimmten Umständen sehr wahrscheinlich auf eine bestimmte Weise handeln wird, bedeutet nicht so sehr, das künftige Verhalten unseres Freundes vorherzusagen, sondern ein Urteil über seinen gegenwärtigen Charakter, d.h. über seine Vergangenheit, abzugeben. Obwohl sich unsere Gefühle, unsere Vorstellungen, unser Charakter ständig ändern, ist eine plötzliche Veränderung selten zu beobachten; und noch seltener kann man von einem Menschen, den man kennt, nicht sagen, dass bestimmte Handlungen seiner Natur recht gut zu entsprechen scheinen und dass bestimmte andere absolut unvereinbar mit ihr sind. In diesem Punkt sind sich

> Ist die Vorhersage einer Handlung möglich? Wahrscheinliche und unfehlbare Schlussfolgerungen.

alle Philosophen einig; denn zu sagen, dass eine bestimmte Handlung mit dem gegenwärtigen Charakter einer Person, die man kennt, vereinbar oder unvereinbar ist, bedeutet nicht, die Zukunft an die Gegenwart zu binden. .

Aber der Determinist geht noch viel weiter: er behauptet, dass unsere Lösung nur vorläufig ist, weil wir niemals alle Bedingungen des Problems kennen: dass unsere Vorhersage in dem Maße an Wahrscheinlichkeit gewinnen würde, wie wir über eine größere Anzahl dieser Bedingungen verfügen würden; dass also eine vollständige und vollkommene Kenntnis aller Vorbedingungen ohne jede Ausnahme unsere Vorhersage unfehlbar wahr machen würde. Das ist also die Hypothese, die wir zu prüfen haben.

Die vollständige Kenntnis der Vorgeschichte und der Bedingungen einer Handlung bedeutet, dass man sie tatsächlich ausführt.

Stellen wir uns der Klarheit halber eine Person vor, die unter schwerwiegenden Umständen eine scheinbar freie Entscheidung zu treffen hat: nennen wir sie Petrus. Die Frage ist, ob ein Philosoph Paulus, der zur gleichen Zeit wie Petrus lebte, oder, wenn Sie bevorzugen, einige Jahrhunderte früher, in der Lage gewesen wäre, in Kenntnis *aller* Bedingungen, unter denen Petrus handelt, die Entscheidung, die Petrus getroffen hat, mit Sicherheit vorherzusehen.

Es gibt verschiedene Möglichkeiten, sich den geistigen Zustand eines Menschen zu einem bestimmten Zeitpunkt vorzustellen. Wir versuchen es, wenn wir z. B. einen Roman lesen; aber wie sorgfältig der Autor auch die Gefühle seines Helden geschildert und sogar seine Geschichte zurückverfolgt haben mag, das Ende, ob vorhergesehen oder unvorhergesehen, wird etwas zu der Vorstellung beitragen, die wir uns von der Figur gemacht haben: die Figur war uns also nur unvollkommen bekannt. In Wahrheit drücken die tieferen psychischen Zustände, die sich in freien Handlungen ausdrücken, die gesamte Vorgeschichte aus und fassen sie zusammen: Wenn Paulus alle Bedingungen kennt, unter denen Petrus handelt, müssen wir annehmen, dass ihm keine Einzelheit aus dem Leben des Petrus entgeht, und dass seine Phantasie die Geschichte des Petrus rekonstruiert und sogar noch einmal durchlebt. Aber wir müssen hier eine wichtige Unterscheidung machen.

144

Wenn ich selbst einen bestimmten psychischen Zustand durchlaufe, kenne ich die Intensität dieses Zustandes und seine Bedeutung im Verhältnis zu den anderen genau, nicht durch Messung oder Vergleich, sondern weil die Intensität z.B. eines tiefsitzenden Gefühls nichts anderes ist als das Gefühl selbst. Wenn ich dagegen versuche, Ihnen diesen psychischen Zustand zu beschreiben, kann ich Ihnen seine Intensität nur durch ein bestimmtes mathematisches Zeichen verständlich machen: Ich muss seine Bedeutung messen, ihn mit dem vergleichen, was vorausgeht, und mit dem, was folgt ( ), kurz, ich muss die Rolle bestimmen, die er im letzten Akt spielt. Und ich werde sagen, dass er mehr oder weniger intensiv, mehr oder weniger wichtig ist, je nachdem, ob der Schlussakt durch ihn oder ohne ihn erklärt wird. Für mein eigenes Bewusstsein hingegen, das diesen inneren Zustand wahrnahm, war ein solcher Vergleich nicht nötig: Die Intensität war ihm als eine unaussprechliche Eigenschaft des Zustands selbst gegeben. Mit anderen Worten, die Intensität eines psychischen Zustandes ist dem Bewusstsein nicht als ein besonderes Zeichen gegeben, das diesen Zustand begleitet und seine Kraft bezeichnet, wie ein Exponent in der Algebra; wir haben oben gezeigt, dass sie vielmehr seine Schattierung, seine charakteristische Färbung ausdrückt, und dass, wenn es sich zum Beispiel um ein Gefühl handelt, seine Intensität darin besteht, gefühlt zu werden. Wir müssen also zwei Arten unterscheiden, sich die Bewusstseinszustände anderer Menschen anzueignen: die eine dynamische, die darin besteht, sie selbst zu erleben; die andere statische, die darin besteht, das Bewusstsein dieser Zustände durch ihr Bild oder vielmehr ihr intellektuelles Symbol, ihre Idee, zu ersetzen. In diesem Fall werden die bewussten Zustände *imaginiert*, anstatt sie zu *reproduzieren*; aber dem Bild der psychischen Zustände selbst muss dann ein Hinweis auf ihre *Intensität* hinzugefügt werden, da sie nicht mehr auf die Person einwirken, in deren Geist sie abgebildet sind, und diese keine Möglichkeit mehr hat, ihre Kraft zu erfahren, indem sie sie tatsächlich fühlt. Diese Angabe selbst wird nun notwendigerweise einen quantitativen Charakter annehmen: man wird z.B. darauf hinweisen, dass ein bestimmtes Gefühl mehr Kraft hat als ein anderes, dass man es mehr berücksichtigen muss, dass es eine größere Rolle gespielt hat; und wie könnte man dies wissen, wenn man nicht die spätere Geschichte der Person im Voraus kennen würde, mit den genauen Handlungen, in denen diese Vielzahl von Zuständen oder Neigungen entstanden ist? Wenn Paulus also eine angemessene Vorstellung vom Zustand des Petrus zu irgendeinem Zeitpunkt seiner Geschichte haben soll, gibt es nur zwei Möglichkeiten: Entweder muss Paulus, wie ein Romanautor, der weiß, wohin er seine Figuren führt, bereits die letzte Handlung des Petrus kennen und so in der Lage sein, seine gedankliche Vorstellung von den aufeinanderfolgenden Zuständen, die Petrus durchlaufen wird, durch einen Hinweis auf ihren Wert in Bezug auf die gesamte Geschichte des Petrus zu ergänzen; oder er muss sich entschließen, diese verschiedenen Zustände nicht in der Vorstellung, sondern in der Realität zu durchlaufen. Die erstgenannte Hypothese muss beiseite geschoben werden, denn der eigentliche Streitpunkt ist, ob Paulus *allein* aufgrund der Vorgeschichte in der Lage sein wird, die letzte Handlung vorherzusehen. Wir sehen uns also gezwungen, die Vorstellung, die wir uns von Paulus gemacht haben, radikal zu ändern: Er ist nicht, wie wir anfangs dachten, ein Zuschauer, der in die Zukunft blickt, sondern ein Schauspieler, der die Rolle des Petrus im Voraus spielt. Und beachten Sie, dass Sie ihn nicht von irgendeiner Einzelheit dieser Rolle ausnehmen können, denn die alltäglichsten Ereignisse haben ihre Bedeutung in einer Lebensgeschichte; und selbst wenn man annimmt, dass sie keine haben, kann man nicht entscheiden, dass sie unbedeutend sind, außer in Bezug auf den letzten Akt, der hypothetisch nicht gegeben ist. Man hat auch nicht das Recht, die verschiedenen Bewusstseinszustände, die Paul vor Petrus durchläuft, abzukürzen - und sei es auch nur um eine Sekunde -, denn die Wirkungen desselben Gefühls zum Beispiel häufen sich in jedem Augenblick der Dauer an, und die Summe dieser Wirkungen könnte nicht auf einmal erkannt werden, wenn man nicht die Bedeutung des Gefühls in seiner Gesamtheit in Bezug auf die letzte Handlung kennen würde, die ja gerade das ist, was unbekannt bleiben soll. Wenn aber Peter und Paul die gleichen Gefühle in der gleichen Reihenfolge erlebt haben, wenn ihre Gedanken die gleiche Geschichte haben, wie wird man dann den einen vom anderen unterscheiden? Etwa durch den Körper, in dem sie wohnen? Dann würden sie sich immer in einem Punkt unterscheiden, nämlich darin, dass sie zu keinem Zeitpunkt ihrer Geschichte ein geistiges Bild von demselben Körper haben. Wird es durch den Ort sein, den sie in der Zeit einnehmen? In diesem Fall wären sie nicht mehr bei denselben Ereignissen anwesend: Jetzt haben sie, so die Hypothese, dieselbe Vergangenheit und dieselbe Gegenwart und machen dieselbe Erfahrung. Du musst dich jetzt entscheiden: Petrus und Paulus sind ein und dieselbe Person, die du Petrus nennst, wenn er handelt, und Paulus, wenn du seine Geschichte rekapitulierst. Je vollständiger du die Summe der Bedingungen zusammenstellst, die, wenn sie dir bekannt wären, es dir ermöglicht hätten, Peters zukünftiges Handeln vorherzusagen, desto näher wurde dein Verständnis seiner Existenz und desto näher kamst du dem Ziel, sein Leben noch einmal zu erleben bis in die kleinsten Einzelheiten: Du hast also genau den Moment erreicht, in dem es, als die Handlung stattfand, nichts mehr vorherzusehen gab, sondern nur noch etwas zu tun war. Auch hier endet jeder Versuch, eine wirklich *gewollte* Handlung im Idealfall zu rekonstruieren, in der bloßen Beobachtung der Handlung, während sie ausgeführt wird oder wenn sie bereits vollzogen ist.

Daher ist es eine sinnlose Frage zu fragen: Konnte die Handlung angesichts der Summe ihrer Vorgeschichte vorhergesehen werden oder nicht? Denn es gibt zwei Möglichkeiten, diese Vorläufer zu assimilieren, die eine dynamisch, die andere statisch. Im ersten Fall werden wir durch unmerkliche Schritte dazu gebracht, uns mit der Person, mit der wir es zu tun haben, zu identifizieren, dieselbe Reihe von Zuständen zu durchlaufen und so zu dem Augenblick zurückzukehren, in dem die Handlung vollzogen wird; daher kann von Vorhersehbarkeit nicht mehr die Rede sein. Im zweiten Fall setzen wir die letzte Handlung allein dadurch voraus, dass wir der qualitativen Beschreibung der vorhergehenden Zustände die quantitative Einschätzung ihrer Bedeutung beifügen. Auch hier wird die eine Partei lediglich zu der Erkenntnis geführt, dass die Handlung noch nicht vollzogen ist, wenn sie vollzogen werden soll, und die andere, dass sie vollzogen ist, wenn sie vollzogen ist. Wie bei der vorangegangenen Diskussion bleibt auch hier die Frage der Freiheit genau dort, wo sie am Anfang stand.

Wenn wir dieses zweifache Argument vertiefen, werden wir an seiner Wurzel die beiden grundlegenden Illusionen des reflektierenden Bewusstseins finden. Die erste besteht darin, die Intensität als eine mathematische Eigenschaft der psychischen Zustände zu betrachten und nicht, wie wir zu Beginn dieses Essays sagten, als eine besondere Qualität, als eine besondere Schattierung dieser verschiedenen Zustände. Die zweite besteht darin, die konkrete Realität oder den dynamischen Fortschritt, den das Bewusstsein wahrnimmt, durch das materielle Symbol dieses Fortschritts zu ersetzen, wenn er bereits sein Ende erreicht hat, d.h. des bereits vollzogenen Akts

> Dabei handelt es sich um zwei Irrtümer: (1) die Betrachtung der Intensität als eine Größe und nicht als eine Qualität; (2) die Ersetzung eines dynamischen Prozesses durch ein materielles Symbol.

zusammen mit der Reihe seiner Vorläufer. Gewiss, wenn der letzte Akt vollendet ist, kann ich allen Vorläufern ihren Wert zuschreiben und mir das Zusammenspiel dieser verschiedenen Elemente als einen Konflikt oder eine Zusammensetzung von Kräften vorstellen. Aber zu fragen, ob man, wenn man die Antezedenzien und ihren Wert kennt, den Schlussakt vorhersagen kann, ist eine Verkennung der Frage; es ist eine Verkennung der Tatsache, dass man den Wert der Antezedenzien nicht kennen kann, ohne den Schlussakt zu kennen, der gerade das ist, was man noch nicht kennt; es ist eine falsche Annahme, dass das symbolische Schema, das wir auf unsere Weise zeichnen, um die *vollendete* Handlung darzustellen, von der Handlung selbst gezeichnet wurde, *während sie fortschritt,* und von ihr auf automatische Weise gezeichnet wurde.

In diesen beiden Illusionen selbst ist noch eine dritte involviert, und Sie werden sehen, dass die Frage, ob die Tat vorhersehbar war oder nicht, immer wieder auf diese zurückkommt: Ist die Zeit der Raum? Du beginnst damit, dass du die Bewusstseinszustände, die in Peters Geist

> Die Behauptung, eine Handlung vorhersehen zu können, führt immer wieder zu einer Verwechslung von Zeit und Raum.

148

aufeinander folgen, in einem idealen Raum nebeneinander stellst, und du nimmst sein Leben als eine Art Weg M O X Y wahr, der von einem sich bewegenden Körper M im Raum zurückgelegt wird. Dann streichst du in Gedanken den Teil O X Y dieser Kurve aus und fragst dich, ob du in Kenntnis von M O den Teil O X der Kurve, den der bewegte Körper jenseits von O beschreibt, hättest bestimmen können.

Das ist im Wesentlichen die Frage, die Sie stellen, wenn Sie einen Philosophen Paulus ins Spiel bringen, der vor Petrus lebt und sich die Bedingungen vorstellen muss, unter denen Petrus handeln wird. Sie materialisieren also diese Bedingungen; Sie lassen die Zeit in einen Weg eintreten, der bereits in der Ebene vorgezeichnet ist und den wir vom Gipfel des Berges aus betrachten können, auch wenn wir ihn nicht durchquert haben und nie durchqueren werden. Nun merkt man aber bald, dass die Kenntnis des Teils M O der Kurve nicht ausreichen würde, wenn man nicht die Lage der Punkte dieser Linie nicht nur zueinander, sondern auch zu den Punkten der ganzen Linie M O X Y gezeigt bekäme, was darauf hinausliefe, dass man die Elemente, die es zu bestimmen gilt, im Voraus erhält. Du änderst also deine Hypothese; du erkennst, dass die Zeit nicht gesehen, sondern gelebt werden muss; und daraus schließt du, dass, wenn deine Kenntnis der Linie M O kein ausreichender Anhaltspunkt war, der Grund dafür sein muss, dass du sie von außen betrachtet hast, anstatt dich mit dem Punkt M zu identifizieren, der nicht nur M O, sondern auch die ganze Kurve beschreibt, und dir so ihre Bewegung zu eigen zu machen. Du überredest also Paul, mit Peter zusammenzukommen; und natürlich ist es dann die Linie M O X Y, die Paul im Raum nachzeichnet, denn Peter beschreibt ja hypothetisch diese Linie. Damit beweist du aber keineswegs, dass Paulus die Handlung des Petrus vorausgesehen hat; du zeigst nur, dass Petrus so gehandelt hat, wie er gehandelt hat, weil Paulus zu Petrus wurde. Allerdings kehrst du dann unwissentlich zu deiner früheren Hypothese zurück, weil du die Linie M O X Y in ihrer Verfolgung ständig mit der bereits verfolgten Linie M O X Y verwechselst, d.h. die Zeit mit dem Raum. Nachdem du Paulus veranlasst hast, hinabzusteigen und sich so lange wie nötig mit Petrus zu identifizieren, lässt du ihn wieder hinaufsteigen und seinen früheren Beobachtungsposten wieder einnehmen. Kein Wunder, wenn er dann die Linie M O X Y als vollendet ansieht: Er selbst hat sie gerade vollendet.

Was die Verwirrung zu einer natürlichen und fast unvermeidlichen macht, ist, dass die Wissenschaft auf viele Fälle hinzuweisen scheint, in denen wir die Zukunft vorhersehen. Bestimmen wir nicht im Voraus die Konjunktionen von Himmelskörpern, Sonnen- und Mondfinsternisse, kurz die meisten astronomischen Phänomene? Umfasst der menschliche Verstand also nicht schon im gegenwärtigen Augenblick unermessliche Zeiträume, die noch in der Zukunft liegen? Zweifellos ja, aber eine solche Vorwegnahme hat nicht die geringste Ähnlichkeit mit der Vorwegnahme einer freiwilligen Handlung. Denn wie wir sehen werden, sind die Gründe, die die Vorhersage eines astronomischen Phänomens ermöglichen, dieselben, die uns daran hindern, eine Handlung, die unserer freien Tätigkeit entspringt, im Voraus zu bestimmen. Denn die Zukunft des materiellen Universums ist zwar zeitgleich mit der Zukunft eines bewussten Wesens, hat aber keine Analogie zu ihr.

[Randnotiz: Verwirrung bei der Vorhersage astronomischer Phänomene.]

Um den Finger auf diesen entscheidenden Unterschied zu legen, nehmen wir für einen Moment an, dass ein bösartiges Illustrationsgenie, das noch mächtiger ist als das von Descartes beschworene bösartige Genie, verfügt, dass alle Bewegungen des Universums doppelt so schnell ablaufen sollen. An den astronomischen Phänomenen würde sich nichts ändern, jedenfalls nicht an den Gleichungen, die es uns ermöglichen, sie vorauszusehen, denn in diesen Gleichungen steht das Symbol t nicht für eine Dauer, sondern für ein Verhältnis zwischen zwei Dauern, für eine bestimmte Anzahl von Zeiteinheiten, kurz, für eine bestimmte Anzahl von *Gleichzeitigkeiten:* diese Gleichzeitigkeiten, diese Koinzidenzen würden sich immer noch in gleicher Zahl ereignen: nur die Intervalle, die sie trennen, hätten sich verringert, aber diese Intervalle tauchen in unseren Berechnungen nie auf. Nun sind diese Intervalle nur *gelebte* Dauer, Dauer, die unser

[Randnotiz: Illustration einer hypothetischen Beschleunigung von physischen Bewegungen.]

Bewusstsein wahrnimmt, und unser Bewusstsein würde uns bald von einer Verkürzung des Tages informieren, wenn wir nicht die übliche Dauer zwischen Sonnenaufgang und Sonnenuntergang erlebt hätten. Zweifellos würde es diese Verkürzung nicht messen, und vielleicht würde es sie nicht einmal unmittelbar als eine Veränderung der Quantität wahrnehmen; aber es würde auf die eine oder andere Weise einen Rückgang in der gewohnten Anhäufung von Erfahrung erkennen, eine Veränderung des Fortschritts, der gewöhnlich zwischen Sonnenaufgang und Sonnenuntergang erreicht wird.

Wenn nun ein Astronom z. B. eine Mondfinsternis voraussagt, so übt er nur auf seine Weise die Macht aus, die wir unserem schelmischen Genie zugeschrieben haben. Er ordnet an, dass die Zeit zehnmal, hundertmal, tausendmal so schnell vergehen soll, und er hat das Recht dazu, denn alles, was er damit verändert, ist die Natur der bewussten Intervalle, und diese Intervalle gehen hypothetisch nicht in die Berechnungen ein. Daher kann er in eine psychologische Dauer von einigen Sekunden mehrere Jahre, ja sogar mehrere Jahrhunderte astronomischer Zeit hineinlegen: das ist sein Verfahren, wenn er die Bahn eines Himmelskörpers im Voraus verfolgt oder durch eine Gleichung darstellt. Was er tut, ist nichts anderes, als eine Reihe von Positionsbeziehungen zwischen diesem Körper und anderen gegebenen Körpern herzustellen, eine Reihe von Gleichzeitigkeiten und Koinzidenzen, eine Reihe von numerischen Beziehungen: Was die Dauer im eigentlichen Sinne betrifft, so bleibt sie außerhalb der Berechnung und könnte nur von einem Bewusstsein wahrgenommen werden, das fähig ist, die Intervalle zu durchleben und in der Tat die Intervalle selbst zu leben, anstatt nur ihre Enden wahrzunehmen. Es ist sogar denkbar, dass dieses Bewusstsein so langsam und träge leben könnte, dass es die gesamte Bahn des Himmelskörpers in einer einzigen Wahrnehmung erfasst, so wie wir die aufeinanderfolgenden Positionen einer Sternschnuppe als eine einzige Feuerlinie wahrnehmen. Ein solches Bewusstsein würde sich wirklich in denselben Verhältnissen befinden, in denen sich der Astronom idealerweise befindet; es würde in der Gegenwart sehen, was der Astronom in der Zukunft wahrnimmt. Wenn letzterer ein zukünftiges Phänomen voraussieht, dann nur unter der Bedingung, dass er es bis zu einem gewissen Grad zu einem gegenwärtigen Phänomen macht oder zumindest das Intervall, das uns von ihm trennt, enorm verkürzt. Kurz gesagt, die Zeit, von der wir in der Astronomie sprechen, ist eine Zahl, und die Art der Einheiten dieser Zahl kann in unseren Berechnungen nicht spezifiziert werden; wir können sie daher als so klein annehmen, wie wir wollen, vorausgesetzt, dass dieselbe Hypothese auf die gesamte Reihe von Vorgängen ausgedehnt wird und dass die aufeinanderfolgenden Beziehungen der Position im Raum so erhalten bleiben. Wir sind dann in der Vorstellung bei der Erscheinung anwesend, die wir voraussagen wollen; wir wissen genau, an welchem Punkt des Raumes und nach wie vielen Zeiteinheiten diese Erscheinung eintritt; wenn wir dann diesen Einheiten ihre psychische Natur zurückgeben, werden wir das Ereignis wieder in die Zukunft schieben und sagen, dass wir es vorausgesehen haben, während wir es in Wirklichkeit gesehen haben.

Aber diese Zeiteinheiten, aus denen sich die lebendige Dauer zusammensetzt, und über die der Astronom nach Belieben verfügen kann, weil sie der Wissenschaft keine Handhabe geben, sind genau das, was den Psychologen angeht, denn die Psychologie beschäftigt sich mit den Intervallen selbst und nicht mit ihren Enden. Gewiss, das reine Bewusstsein nimmt die Zeit nicht als eine Summe von Zeiteinheiten wahr: sich selbst überlassen, hat es keine Mittel und auch keinen Grund, die Zeit zu messen; aber ein Gefühl, das z. B. nur die Hälfte der Tage dauerte, wäre für es nicht mehr dasselbe Gefühl; ihm würden Tausende von Eindrücken fehlen, die seine Substanz allmählich verdichteten und seine Farbe veränderten. Gewiss, wenn wir diesem Gefühl einen bestimmten Namen geben, wenn wir es wie eine Sache behandeln, glauben wir, dass wir zum Beispiel seine Dauer um die Hälfte verkürzen können und auch die Dauer der gesamten übrigen Geschichte halbieren können: Es scheint, dass es immer noch dasselbe Leben wäre, nur in einem reduzierten Maßstab. Aber wir vergessen, dass Bewusstseinszustände

> Bei der Behandlung von Bewusstseinszuständen können wir ihre Dauer nicht variieren, ohne ihre Natur zu verändern.

Prozesse sind und keine Dinge; dass wir sie nur aus sprachlichen Gründen jeweils mit einem einzigen Wort bezeichnen; dass sie lebendig sind und sich daher ständig verändern; dass es folglich unmöglich ist, einen Moment von ihnen abzuschneiden, ohne sie durch den Verlust eines Eindrucks zu verarmen und so ihre Qualität zu verändern. Ich verstehe sehr wohl, dass die Bahn eines Planeten auf einmal oder in sehr kurzer Zeit wahrgenommen werden kann, weil nur seine aufeinanderfolgenden Positionen oder die *Ergebnisse* seiner Bewegung von Bedeutung sind und nicht die Dauer der gleichen Intervalle, die sie trennen. Aber wenn wir es mit einem Gefühl zu tun haben, hat es kein genaues Ergebnis außer dem, dass es gefühlt wurde; und um dieses Ergebnis angemessen zu schätzen, wäre es notwendig, alle Phasen des Gefühls selbst durchlaufen zu haben und die gleiche Dauer in Anspruch zu nehmen. Selbst wenn dieses Gefühl schließlich in eine bestimmte Handlung mündet, die man mit der bestimmten Position eines Planeten im Raum vergleichen könnte, wird die Kenntnis dieser Handlung uns kaum in die Lage versetzen, den Einfluss des Gefühls auf die gesamte Lebensgeschichte abzuschätzen, und gerade diesen Einfluss wollen wir kennen. Alles Vorhersehen ist in Wirklichkeit ein Sehen, und dieses Sehen findet statt, wenn wir ein zukünftiges Zeitintervall beliebig verkleinern können, ohne die Beziehung seiner Teile zueinander zu verändern, wie es bei astronomischen Vorhersagen geschieht.

Aber was bedeutet die Verkleinerung eines Zeitintervalls, außer der Entleerung oder Verarmung der Bewusstseinszustände, die es füllen? Und impliziert nicht gerade die Möglichkeit, eine astronomische Zeitspanne im Kleinen zu sehen, die Unmöglichkeit, eine psychologische Reihe auf dieselbe Weise zu verändern, da wir nur, wenn wir diese psychologische Reihe als unveränderliche Grundlage nehmen, in der Lage sein werden, eine astronomische Zeitspanne in Bezug auf die Einheit der Dauer willkürlich zu verändern?

Wenn wir also fragen, ob eine zukünftige Handlung vorhersehbar war, identifizieren wir unbewusst die Zeit, mit der wir in den exakten Wissenschaften zu tun haben

Unterschied zwischen vergangener und zukünftiger Dauer in dieser Hinsicht.

und die auf eine Zahl reduzierbar ist, mit der realen Dauer, deren sogenannte Quantität in Wirklichkeit eine Qualität ist, und die wir nicht um einen Augenblick verkürzen können, ohne die Natur der Tatsachen zu verändern, die sie ausfüllen. Zweifellos wird die Identifizierung dadurch erleichtert, dass wir in vielen Fällen berechtigt sind, mit der realen Dauer wie mit der astronomischen Zeit zu verfahren. Wenn wir uns also die Vergangenheit ins Gedächtnis rufen, d.h. eine Reihe von Taten, die wir getan haben, verkürzen wir sie immer, ohne jedoch die Natur des Ereignisses, das uns interessiert, zu verfälschen. Der Grund dafür ist, dass wir es bereits kennen; denn der psychische Zustand wird, wenn er das Ende des *Fortschritts* erreicht, der seine Existenz ausmacht, zu einer *Sache, die* man sich mit einem Mal vorstellen kann. Hier befinden wir uns in der gleichen Lage wie der Astronom, wenn er mit einem Blick die Bahn erfasst, die ein Planet in einigen Jahren durchlaufen wird. In der Tat ist die astronomische Vorhersage mit der Erinnerung an den vergangenen Bewusstseinszustand zu vergleichen, nicht mit der Antizipation des zukünftigen.

Wenn wir aber einen zukünftigen Bewusstseinszustand bestimmen müssen, wie oberflächlich er auch sein mag, können wir die Vorläufer nicht mehr in einem statischen Zustand als Dinge betrachten, sondern müssen sie in einem dynamischen Zustand als Prozesse betrachten, da es uns nur um ihren Einfluss geht. Ihre Dauer ist nun eben dieser Einfluss. Daher genügt es nicht mehr, die künftige Dauer zu verkürzen, um sich ihre Teile im Voraus vorzustellen; man ist verpflichtet, diese Dauer *zu leben*, während sie sich entfaltet. Was die tiefsitzenden psychischen Zustände betrifft, so gibt es keinen wahrnehmbaren Unterschied zwischen Vorhersehen, Sehen und Handeln.

Für den Deterministen bleibt nur ein Weg offen. Er wird wahrscheinlich auf die Behauptung verzichten, eine bestimmte zukünftige Handlung oder einen bestimmten Bewusstseinszustand vorhersehen zu können, aber er wird behaupten, dass jede Handlung durch ihre

> Das deterministische Argument, dass die psychischen Phänomene dem Gesetz "gleiche Vorgeschichte, gleiche Folge" unterliegen.

154

psychische Vorgeschichte bestimmt ist, oder, mit anderen Worten, dass die Tatsachen des Bewusstseins, also die Naturerscheinungen, Gesetzen unterworfen sind. Diese Art zu argumentieren bedeutet im Grunde, dass er die Besonderheiten der konkreten psychischen Zustände außen vor lässt, um nicht mit Phänomenen konfrontiert zu werden, die sich jeder symbolischen Darstellung und damit jeder Antizipation entziehen. Die Besonderheit dieser Phänomene wird also ausgeblendet, aber es wird behauptet, dass sie, da sie Phänomene sind, dem Gesetz der Kausalität unterworfen bleiben müssen. Dieses Gesetz besagt, dass jede Erscheinung durch ihre Bedingungen bestimmt wird, oder, anders gesagt, dass dieselben Ursachen dieselben Wirkungen hervorrufen. Entweder ist also die Handlung untrennbar an ihre Vorgeschichte gebunden, oder das Kausalitätsprinzip lässt eine unverständliche Ausnahme zu.

Diese letzte Form des deterministischen Arguments unterscheidet sich weniger als man denken könnte von allen anderen, die oben untersucht wurden. Zu sagen, dass dieselben inneren Ursachen dieselben Wirkungen reproduzieren werden, bedeutet anzunehmen, dass dieselbe Ursache ein zweites Mal auf der Bühne des Bewusstseins erscheinen kann. Wenn wir von Dauer sprechen, dann sind die tiefsitzenden psychischen Zustände radikal unterschiedlich, und es ist unmöglich, dass zwei von ihnen ganz gleich sind, da sie zwei verschiedene Momente einer Lebensgeschichte darstellen. Während das äußere Objekt nicht das Zeichen der verstrichenen Zeit trägt und der Physiker daher trotz des Zeitunterschieds wieder auf identische elementare Bedingungen stoßen kann, ist die Dauer etwas Reales für das Bewusstsein, das die Spur davon bewahrt, und wir können hier nicht von identischen Bedingungen sprechen, weil derselbe Moment nicht zweimal vorkommt. Es nützt nichts, zu behaupten, dass, auch wenn es keine zwei tiefsitzenden psychischen Zustände gibt, die völlig gleich sind, die Analyse diese verschiedenen Zustände in allgemeinere und homogenere Elemente auflösen würde, die miteinander verglichen werden könnten. Dabei würde man vergessen, dass auch die einfachsten psychischen Elemente eine Persönlichkeit und ein Eigenleben besitzen, so oberflächlich sie auch sein mögen; sie befinden sich in einem ständigen Zustand des Werdens, und ein und dasselbe Gefühl ist allein dadurch, dass es sich wiederholt, ein neues Gefühl. In der Tat haben wir keinen anderen Grund, es bei seinem früheren Namen zu nennen, als den, dass es der gleichen äußeren Ursache entspricht oder sich nach außen hin in ähnliche Haltungen projiziert: es wäre also einfach eine Verstellung, aus der sogenannten Ähnlichkeit zweier Bewusstseinszustände abzuleiten, dass die gleiche Ursache die gleiche Wirkung hervorbringt. Kurz gesagt, wenn die kausale Beziehung im Bereich der inneren Zustände noch gültig ist, kann sie in keiner Weise dem ähneln, was wir in der Natur Kausalität nennen. Für den Physiker bringt dieselbe Ursache immer dieselbe Wirkung hervor; für den Psychologen, der sich nicht durch bloß scheinbare Analogien täuschen lässt, bringt eine tief sitzende innere Ursache ihre Wirkung ein für allemal hervor und wird sie niemals wiederholen. Wenn nun behauptet wird, dass diese Wirkung untrennbar mit dieser besonderen Ursache verbunden war, so bedeutet diese Behauptung eines von zwei Dingen: entweder, dass, da die Vorgeschichte gegeben war, die künftige Handlung hätte vorausgesehen werden können; oder dass, da die Handlung einmal vollzogen war, jede andere Handlung unter den gegebenen Bedingungen als unmöglich angesehen wurde. Wir haben nun gesehen, dass diese beiden Behauptungen gleichermaßen sinnlos sind und dass sie auch eine falsche Vorstellung von der Dauer beinhalten.

Dennoch lohnt es sich, auf diese letzte Form des deterministischen Arguments einzugehen, und sei es nur, um aus unserer Sicht die Bedeutung der beiden Worte "Determination" und "Kausalität" zu erklären. Vergeblich argumentieren wir, dass es weder darum gehen kann, eine zukünftige Handlung vorherzusehen, so wie ein astronomisches Phänomen vorhergesehen wird, noch zu behaupten, dass, wenn eine Handlung einmal vollzogen ist, jede andere Handlung unter den gegebenen Bedingungen unmöglich gewesen wäre.

Analyse of die Konzeption der Ursache, die dem gesamten deterministischen Argument zugrunde liegt.

Vergeblich fügen wir hinzu, dass, selbst wenn es diese Form annimmt: "Dieselben Ursachen erzeugen dieselben Wirkungen", verliert das Prinzip der universellen Determination in der inneren Welt der Bewusstseinszustände jeden Fetzen von Bedeutung. Der Determinist wird vielleicht unseren Argumenten in jedem dieser drei Punkte nachgeben, wird zugeben, dass man im psychischen Bereich dem Wort Determination keine dieser drei Bedeutungen zuschreiben kann, wird wahrscheinlich nicht in der Lage sein, eine vierte Bedeutung zu entdecken, und wird dennoch weiter wiederholen, dass der Akt untrennbar mit seinen Vorläufern verbunden ist. Wir sehen uns hier also mit einem so tief sitzenden Irrtum und einem so hartnäckigen Vorurteil konfrontiert, dass wir sie nicht überwinden können, ohne sie an ihrer Wurzel, dem Prinzip der Kausalität, anzugreifen. Indem wir den Begriff der Ursache analysieren, werden wir die Zweideutigkeit aufzeigen, die er in sich birgt, und, obwohl wir keine formale Definition der Freiheit anstreben, werden wir vielleicht über die rein negative Vorstellung hinauskommen, die wir bisher von ihr entwickelt haben.

Wir nehmen physikalische Phänomene wahr, und diese Phänomene gehorchen Gesetzen. Das bedeutet: (1) dass die früher wahrgenommenen Erscheinungen *a, b, c, d* in derselben Form wieder auftreten können; (2) dass eine bestimmte Erscheinung *P,* die nach den Bedingungen *a, b, c, d* und nur nach diesen Bedingungen aufgetreten ist, nicht ausbleiben wird, sobald dieselben Bedingungen

> Kausalität als "regelmäßige Abfolge" gilt nicht für bewusste Zustände und kann den freien Willen nicht widerlegen.

wieder vorhanden sind. Wenn das Kausalitätsprinzip uns nichts mehr sagen würde, wie die Empiriker behaupten, so würden wir diesen Philosophen gerne zugestehen, dass ihr Prinzip aus der Erfahrung abgeleitet ist; aber es würde nichts mehr gegen unsere Freiheit beweisen. Denn dann wäre es klar, dass bestimmte Vorgänge eine bestimmte Folge nach sich ziehen, *wo immer die* Erfahrung uns diese regelmäßige Abfolge zeigt; aber die Frage ist, ob diese Regelmäßigkeit auch im Bereich des Bewusstseins zu finden ist, und das ist das ganze Problem des freien Willens. Nehmen wir einmal an, das Kausalitätsprinzip sei nichts anderes als die Zusammenfassung der in der

Vergangenheit beobachteten gleichmäßigen und unbedingten Folgen: mit welchem Recht wendet man es dann auf jene tiefliegenden Bewusstseinszustände an, in denen man noch keine regelmäßige Folge entdeckt hat, da der Versuch, sie vorherzusehen, immer scheitert? Und wie kannst du auf dieses Prinzip dein Argument stützen, um den Determinismus der inneren Zustände zu beweisen, wenn doch deiner Meinung nach der Determinismus der beobachteten Tatsachen die einzige Quelle des Prinzips selbst ist? Wenn die Empiristen das Kausalitätsprinzip zur Widerlegung der menschlichen Freiheit heranziehen, geben sie dem Wort Ursache eine neue Bedeutung, nämlich die, die ihm der gesunde Menschenverstand verleiht.

Die Behauptung, dass zwei Phänomene regelmäßig aufeinander folgen, bedeutet in der Tat, dass wir, wenn das erste gegeben ist, bereits das zweite sehen. Aber diese rein subjektive Verbindung zwischen zwei Vorstellungen reicht dem gesunden Menschenverstand nicht aus. Dem gesunden Menschenverstand scheint es, dass, wenn die Idee des zweiten Phänomens bereits in der des ersten impliziert ist, das zweite Phänomen selbst objektiv, auf die eine oder andere Weise, innerhalb des ersten Phänomens existieren muss. Und der gesunde Menschenverstand musste zu dieser Schlussfolgerung kommen, denn die genaue Unterscheidung zwischen einem objektiven Zusammenhang von Phänomenen und einer subjektiven Assoziation zwischen ihren Ideen setzt ein ziemlich hohes Maß an philosophischer Kultur voraus.

Wir gehen also unmerklich von der ersten Bedeutung zur zweiten über und stellen uns den Kausalzusammenhang als eine Art Vorwegnahme des zukünftigen Phänomens unter seinen gegenwärtigen Bedingungen vor. Nun kann diese Vorwegnahme auf zwei sehr unterschiedliche Arten verstanden werden, und genau hier beginnt die Zweideutigkeit.

Zunächst einmal liefert uns die Mathematik *einen* Typus dieser Art von Vorwegnahme. Schon die Bewegung, mit der wir den Umfang eines Kreises auf ein Blatt Papier zeichnen, bringt alle mathematischen Eigenschaften dieser Figur hervor: In diesem Sinne kann man sagen,

> Die Kausalität, als Vorwegnahme des zukünftigen Phänomens in seinen gegenwärtigen Bedingungen, zerstört in einer Form die konkreten Phänomene.

158

dass eine unbegrenzte Anzahl von Theoremen in der Definition vorkommt, auch wenn sie sich für den Mathematiker, der sie ableitet, in die Länge ziehen. Es stimmt, dass wir uns hier im Bereich der reinen Quantität befinden und dass, da geometrische Eigenschaften in Form von Gleichungen ausgedrückt werden können, es leicht zu verstehen ist, wie die ursprüngliche Gleichung, die die grundlegende Eigenschaft der Figur ausdrückt, in eine unbegrenzte Anzahl von neuen Gleichungen umgewandelt wird, die alle praktisch in der ersten enthalten sind. Im Gegenteil, die physikalischen Phänomene, die aufeinander folgen und von unseren Sinnen wahrgenommen werden, unterscheiden sich nicht nur durch ihre Qualität, sondern auch durch ihre Quantität, so dass es schwierig wäre, sie sofort für gleichwertig zu erklären . Aber gerade weil sie durch unsere Sinnesorgane wahrgenommen werden, scheint es gerechtfertigt, ihre qualitativen Unterschiede dem Eindruck, den sie auf uns machen, zuzuschreiben und hinter der Heterogenität unserer Empfindungen ein homogenes physikalisches Universum anzunehmen. So werden wir die Materie der konkreten Eigenschaften entkleiden, mit denen unsere Sinne sie bekleiden, der Farbe, der Wärme, des Widerstands, sogar des Gewichts, und wir werden uns schließlich mit einer homogenen Ausdehnung konfrontiert sehen, einem Raum ohne Körper. Dann bleibt nur noch, Figuren im Raum zu beschreiben, sie nach mathematisch formulierten Gesetzen in Bewegung zu setzen und die scheinbaren Eigenschaften der Materie durch Form, Lage und Bewegung dieser geometrischen Figuren zu erklären. Nun ist die Lage durch ein System fester Größen gegeben, und die Bewegung wird durch ein Gesetz ausgedrückt, d.h. durch ein konstantes Verhältnis zwischen variablen Größen; aber die Form ist ein geistiges Bild, und wie zart, wie durchsichtig wir sie auch annehmen mögen, so stellt sie doch, insofern unsere Einbildungskraft sozusagen die visuelle Wahrnehmung davon hat, eine konkrete und daher nicht reduzierbare Eigenschaft der Materie dar. Es wird daher notwendig sein, dieses Bild selbst zu beseitigen und es durch die abstrakte Formel der Bewegung zu ersetzen, die die Figur hervorbringt. Wenn man sich dann vorstellt, dass sich algebraische Beziehungen ineinander verstricken, durch diese Verstrickung objektiv werden und durch den bloßen Effekt ihrer Komplexität eine konkrete, sichtbare und greifbare Realität hervorbringen, wird man lediglich die Konsequenzen des Kausalitätsprinzips ziehen, verstanden im Sinne einer tatsächlichen Vorwegnahme der Zukunft in der Gegenwart. Die Wissenschaftler unserer Zeit scheinen in der Tat die Abstraktion nicht so weit getrieben zu haben, außer vielleicht Lord Kelvin. Dieser scharfsinnige und tiefgründige Physiker ging davon aus, dass der Raum mit einer homogenen und inkompressiblen Flüssigkeit gefüllt ist, in der sich Wirbel bewegen und so die Eigenschaften der Materie hervorbringen: Diese Wirbel sind die konstituierenden Elemente der Körper; das Atom wird so zu einer Bewegung, und die physikalischen Phänomene werden auf regelmäßige Bewegungen reduziert, die in einer inkompressiblen Flüssigkeit stattfinden. Wenn man aber bedenkt, dass diese Flüssigkeit vollkommen homogen ist, dass es zwischen ihren Teilen weder einen leeren Zwischenraum gibt, der sie trennt, noch irgendeinen Unterschied, durch den sie unterschieden werden können, wird man sehen, dass jede Bewegung, die in dieser Flüssigkeit stattfindet, in Wirklichkeit gleichbedeutend ist mit absoluter Unbeweglichkeit, da sich vor, während und nach der Bewegung nichts ändert und sich im Ganzen nichts verändert hat. Die Bewegung, von der hier die Rede ist, ist also keine Bewegung, die tatsächlich stattfindet, sondern nur eine Bewegung, die man sich gedanklich vorstellt: Sie ist eine Beziehung zwischen Beziehungen. Es wird implizit angenommen, wenn auch vielleicht nicht wirklich realisiert, dass die Bewegung etwas mit dem Bewusstsein zu tun hat, dass es im Raum nur Gleichzeitigkeiten gibt, und dass es die Aufgabe des Physikers ist, uns die Mittel zur Berechnung dieser Beziehungen der Gleichzeitigkeit für jeden Moment unserer Dauer zu geben. Nirgends ist der Mechanismus weiter entwickelt worden als in diesem System, da die Form der letzten Elemente der Materie hier auf eine Bewegung reduziert wird. Aber die kartesische Physik hat diese Interpretation bereits vorweggenommen; denn wenn die Materie, wie Descartes behauptete, nichts anderes als eine homogene Ausdehnung ist, können die Bewegungen der Teile dieser Ausdehnung durch das abstrakte Gesetz, das sie regiert, oder durch eine algebraische Gleichung zwischen variablen Größen begriffen werden, aber nicht unter der konkreten Form eines Bildes dargestellt werden. Und es wäre nicht schwer zu beweisen, dass je mehr der Fortschritt der mechanischen Erklärungen es uns ermöglicht, diese Vorstellung von Kausalität zu entwickeln und somit das Atom von der Last seiner sinnlichen Eigenschaften zu befreien, desto mehr neigt die konkrete Existenz der Naturerscheinungen dazu, sich in algebraischem Rauch aufzulösen.

So verstanden ist die Kausalitätsrelation eine notwendige Relation in dem Sinne, dass sie sich der Identitätsrelation auf unbestimmte Zeit annähert, wie eine Kurve sich ihrer Asymptote nähert. Das Identitätsprinzip ist das absolute Gesetz unseres Bewusstseins: es behauptet, dass das, was gedacht wird, in dem Moment gedacht wird, in dem wir es denken: und was diesem Prinzip seine absolute Notwendigkeit verleiht, ist, dass es nicht die Zukunft an die Gegenwart bindet, sondern nur die Gegenwart an die Gegenwart: es drückt das unerschütterliche Vertrauen aus, das das Bewusstsein in selbst empfindet, solange es sich, seiner Pflicht getreu, darauf beschränkt, den scheinbaren gegenwärtigen Zustand des Geistes zu erklären. Aber das Prinzip der Kausalität, insofern es die Zukunft an die Gegenwart binden soll, könnte niemals die Form eines notwendigen Prinzips annehmen; denn die aufeinanderfolgenden Momente der wirklichen Zeit sind nicht miteinander verbunden, und keine Anstrengung der Logik kann beweisen, dass das, was gewesen ist, sein wird oder weiterhin sein wird, dass dieselben Vorbedingungen immer dieselben Folgen hervorbringen werden. Descartes verstand dies so gut, dass er die Regelmäßigkeit der physischen Welt und das Fortbestehen der gleichen Wirkungen der immer wieder erneuerten Gnade der Vorsehung zuschrieb; er baute sozusagen eine augenblickliche Physik auf, die für ein Universum bestimmt war, dessen gesamte Dauer sich ebenso gut auf den gegenwärtigen Augenblick beschränken könnte. Und Spinoza behauptete, dass die unendliche Reihe von Phänomenen, die für uns die Form

> Sie führt so zu Descartes' Physik und Spinozas Metaphysik, kann aber die Zukunft nicht mit der Gegenwart verbinden, ohne die Dauer zu vernachlässigen.

einer zeitlichen Abfolge annimmt, im Absoluten der göttlichen Einheit entspreche: Er nahm also einerseits an, dass die Beziehung der scheinbaren Kausalität zwischen den Phänomenen in eine Beziehung der Identität im Absoluten zerfließt, und andererseits, dass die unendliche Dauer der Dinge alle in einem einzigen Augenblick enthalten ist, der die Ewigkeit ist. Kurz gesagt, ob wir die kartesische Physik, die spinozistische Metaphysik oder die wissenschaftlichen Theorien unserer Zeit studieren, wir werden überall dieselbe Sorge finden, eine Beziehung logischer Notwendigkeit zwischen Ursache und Wirkung herzustellen, und wir werden sehen, dass diese Sorge sich in einer Tendenz zeigt, Beziehungen der Sukzession in Beziehungen der Inhärenz zu verwandeln, die aktive Dauer abzuschaffen und die scheinbare Kausalität durch eine grundlegende Identität zu ersetzen.

Wenn nun die Entwicklung des Begriffs der Kausalität, verstanden im Sinne eines notwendigen Zusammenhangs, zur spinozistischen oder kartesianischen Auffassung der Natur führt, so kann man umgekehrt annehmen, dass jede Beziehung notwendiger Bestimmtheit, die zwischen aufeinanderfolgenden Phänomenen hergestellt wird, darauf beruht, dass wir hinter ihrer Heterogenität in verworrener Form einen mathematischen Mechanismus erkennen. Wir behaupten nicht, dass der gesunde Menschenverstand irgendeine Intuition für die kinetischen Theorien der Materie hat, noch weniger vielleicht für einen spinozistischen Mechanismus; aber man wird sehen, dass je mehr die Wirkung notwendigerweise mit der Ursache verbunden zu sein scheint, desto mehr neigen wir dazu, sie in die Ursache selbst zu setzen, als eine mathematische Konsequenz in ihrem Prinzip, und so die Wirkung der Dauer aufzuheben. Dass ich mich unter dem Einfluss derselben äußeren Bedingungen heute nicht so verhalte, wie ich mich gestern verhalten habe, ist keineswegs verwunderlich, denn ich *verändere mich,* weil ich *beständig bin.* Aber die Dinge, die wir außerhalb unserer Wahrnehmung betrachten, scheinen nicht von Dauer zu sein; und je gründlicher wir diesen Gedanken untersuchen, desto absurder erscheint es uns, anzunehmen, dass dieselbe

Ursache heute nicht die Wirkung hervorbringen sollte, die sie gestern hervorgebracht hat. Wir spüren zwar, dass die Dinge nicht so beständig sind wie wir selbst , aber es muss doch irgendeinen Grund geben, warum die Phänomene aufeinander *folgen*, anstatt auf einmal zu entstehen. Und das ist der Grund, warum der Begriff der Kausalität, auch wenn er dem der Identität unendlich nahe kommt, uns niemals mit ihm übereinstimmen wird, es sei denn, wir können uns die Idee eines mathematischen Mechanismus klar vorstellen oder eine subtile Metaphysik beseitigt unsere berechtigten Skrupel in diesem Punkt. Es ist nicht weniger offensichtlich, dass unser Glaube an die notwendige Bestimmung der Phänomene durch einander in dem Maße stärker wird, wie wir dazu neigen, die Dauer als eine subjektive Form unseres Bewusstseins zu betrachten. Mit anderen Worten: Je mehr wir dazu neigen, die kausale Beziehung als eine Beziehung notwendiger Bestimmtheit aufzustellen, desto mehr behaupten wir damit, dass die Dinge nicht wie wir selbst *Bestand haben*. Das heißt, je mehr wir das Kausalitätsprinzip stärken, desto mehr betonen wir den Unterschied zwischen einer physischen und einer psychischen Reihe. Daraus ergäbe sich schließlich (so paradox die Ansicht auch erscheinen mag), dass die Annahme einer mathematischen Inhärenzbeziehung zwischen äußeren Phänomenen als natürliche oder zumindest als plausible Konsequenz den Glauben an den freien Willen des Menschen mit sich bringen müsste.

Aber diese letzte Konsequenz wird uns im Moment nicht beschäftigen: wir versuchen hier nur, die erste Bedeutung des Wortes Kausalität zu ergründen, und wir denken, gezeigt zu haben, dass die Vorhersage der Zukunft in der Gegenwart leicht unter einer mathematischen Form gedacht werden kann, dank einer bestimmten Vorstellung von Dauer, die, ohne so zu erscheinen, dem gesunden Menschenverstand ziemlich vertraut ist.

Aber es gibt noch eine andere Art von Vorahnung, die unserem Verstand noch vertrauter ist, denn die unmittelbare Vorahnung, das Bewusstsein, gibt uns den

Eine Vorstellung von einer zukünftigen Handlung zu haben, die wir nicht ohne Anstrengung verwirklichen können, ist keine notwendige Entschlossenheit.

Typus davon. Wir gehen nämlich durch aufeinanderfolgende Bewusstseinszustände, und obwohl der spätere nicht in dem früheren enthalten war, hatten wir zu der Zeit eine mehr oder weniger verworrene Vorstellung davon vor uns. Die tatsächliche Verwirklichung dieser Idee erschien jedoch nicht als sicher, sondern lediglich als möglich. Doch zwischen die Idee und die Handlung treten einige kaum wahrnehmbare Zwischenvorgänge, deren ganze Masse für uns eine Form *sui generis* annimmt, die wir das Gefühl der Anstrengung nennen. Und von der Idee zur Anstrengung, von der Anstrengung zur Handlung ist der Fortschritt so kontinuierlich, dass wir nicht sagen können, wo die Idee und die Anstrengung enden und wo die Handlung beginnt. Wir sehen also, dass wir hier in gewissem Sinne noch sagen können, dass die Zukunft in der Gegenwart vorweggenommen wurde; aber es muss hinzugefügt werden, dass diese Vorwegnahme sehr unvollkommen ist, da die zukünftige Handlung, von der wir die gegenwärtige Vorstellung haben, als realisierbar, aber nicht als verwirklicht gedacht wird, und da wir, selbst wenn wir die Anstrengung planen, die notwendig ist, um sie zu vollenden, fühlen, dass es noch Zeit ist, aufzuhören. Wenn wir uns also entschließen, die kausale Beziehung in dieser zweiten Form darzustellen, können wir *a priori* behaupten, dass es keine Beziehung notwendiger Bestimmtheit mehr zwischen der Ursache und der Wirkung gibt, denn die Wirkung ist dann nicht mehr in der Ursache gegeben. Sie wird nur noch im Zustand der reinen Möglichkeit und als eine vage Idee vorhanden sein, der vielleicht nicht die entsprechende Handlung folgt. Aber wir werden uns nicht wundern, dass diese Annäherung dem gesunden Menschenverstand genügt, wenn wir an die Bereitschaft denken, mit der Kinder und primitive Menschen die Idee einer launischen Natur annehmen, in der die Laune eine nicht weniger wichtige Rolle spielt als die Notwendigkeit. Nein, diese Art, sich die Kausalität vorzustellen, wird von der breiten Masse der Menschen leichter verstanden werden, da sie keine Abstraktionsanstrengung erfordert und nur eine gewisse Analogie zwischen der äußeren und der inneren Welt, zwischen der Abfolge der objektiven Phänomene und der unserer subjektiven Zustände voraussetzt.

In der Tat ist diese zweite Art, sich das Verhältnis von Ursache und Wirkung vorzustellen, natürlicher als die erste, da sie unmittelbar das Bedürfnis nach einem geistigen Bild befriedigt. Wenn wir das Phänomen B innerhalb des Phänomens A suchen, das ihm regelmäßig vorausgeht, so liegt das daran, dass die Gewohnheit, die beiden Bilder zu assoziieren, dazu führt, dass wir die Vorstellung des zweiten Phänomens gleichsam in die des ersten einwickeln. Es ist also natürlich, dass wir diese Objektivierung auf die Spitze treiben und das Phänomen A selbst zu einem psychischen Zustand machen, in dem das Phänomen B als eine sehr vage Vorstellung enthalten sein soll. Wir nehmen dabei einfach an, dass die objektive Verbindung der beiden Phänomene der subjektiven Assoziation gleicht, die uns die Vorstellung davon nahegelegt hat. Dem materiellen Universum wird eine vage Persönlichkeit zugeschrieben, die sich im Raum ausbreitet und die, obwohl sie nicht gerade mit einem bewussten Willen ausgestattet ist, durch einen inneren Impuls, eine Art Anstrengung, von einem Zustand zum anderen geführt wird. Das war der antike Hylozoismus, eine halbherzige und sogar widersprüchliche Hypothese, die der Materie ihre Ausdehnung ließ, obwohl sie ihr reale bewusste Zustände zuschrieb, und die die Eigenschaften der Materie in der Ausdehnung verteilte, während sie diese Eigenschaften als innere, d.h. einfache Zustände behandelte. Es war Leibniz vorbehalten, diesen Widerspruch aufzuheben und zu zeigen, dass, wenn man die Aufeinanderfolge von äußeren Eigenschaften oder Erscheinungen als die Aufeinanderfolge unserer eigenen Ideen versteht, diese Eigenschaften als einfache Zustände oder Wahrnehmungen und die Materie, die sie trägt, als eine nicht ausgedehnte Monade, analog zu unserer Seele, betrachtet werden müssen. Aber wenn dies der Fall ist, können die aufeinanderfolgenden Zustände der Materie ebenso wenig von außen wahrgenommen werden wie unsere eigenen psychischen Zustände; die Hypothese einer vorher festgelegten Harmonie muss eingeführt werden, um zu erklären, wie diese inneren Zustände sich gegenseitig repräsentieren. So gelangen wir mit unserer zweiten Auffassung der Kausalitätsbeziehung zu Leibniz, wie wir mit der ersten zu Spinoza gelangt sind. Und in beiden Fällen treiben wir lediglich zwei halbherzige und verworrene Vorstellungen des gesunden Menschenverstandes an ihre äußerste Grenze oder formulieren mit größerer Präzision.

Nun ist es offensichtlich, dass die Beziehung der Kausalität, so verstanden, nicht die notwendige Bestimmung der Wirkung durch die Ursache beinhaltet. Die Geschichte beweist dies in der Tat. Wir sehen, dass der antike Hylozoismus, das erste Ergebnis dieser Auffassung von Kausalität, die regelmäßige Abfolge von Ursachen und Wirkungen durch einen wirklichen *deus ex machina* erklärte: manchmal war es eine Notwendigkeit, die außerhalb der Dinge lag und über ihnen schwebte, manchmal eine innere Vernunft, die nach Regeln handelte, die denen ähnlich waren, die unser eigenes Verhalten bestimmen. Auch die Wahrnehmungen der Leibniz'schen Monade bedingen sich nicht gegenseitig; Gott muss ihre Ordnung im Voraus regeln. In der Tat entspringt Leibniz' Determinismus nicht seiner Vorstellung von der Monade, sondern der Tatsache, dass er das Universum nur mit Monaden aufbaut. Nachdem er jede mechanische Beeinflussung der Substanzen untereinander verneint hatte, musste er erklären, wie es dazu kommt, dass ihre Zustände übereinstimmen. Daraus ergibt sich ein Determinismus, der sich aus der Notwendigkeit ergibt, eine vorher festgelegte Harmonie zu postulieren, und keineswegs aus der dynamischen Auffassung der Kausalitätsbeziehung. Aber lassen wir die Geschichte beiseite. Das Bewusstsein selbst bezeugt, dass die abstrakte Idee der Kraft die einer unbestimmten Anstrengung ist, einer Anstrengung, die noch nicht in eine Handlung mündet und bei der sich die Handlung noch im Stadium einer Idee befindet. Mit anderen Worten, die dynamische Auffassung des kausalen Verhältnisses schreibt den Dingen eine Dauer zu, die der unseren absolut gleicht, was auch immer die Natur dieser Dauer sein mag; sich auf diese Weise das Verhältnis von Ursache und Wirkung vorzustellen, bedeutet

166

anzunehmen, dass die Zukunft in der äußeren Welt nicht enger mit der Gegenwart verbunden ist als in unserem eigenen inneren Leben.

Aus dieser zweifachen Analyse ergibt sich, dass das Kausalitätsprinzip zwei widersprüchliche Vorstellungen von Dauer beinhaltet, zwei sich gegenseitig ausschließende Arten, die Zukunft in der Gegenwart vorwegzunehmen. In diesem Fall existiert die Zukunft in der Gegenwart nur als Idee, und der Übergang von der Gegenwart in die Zukunft hat die Form einer Anstrengung, die nicht immer zur Verwirklichung der erdachten Idee führt. Andererseits wird manchmal die Dauer als die charakteristische Form von Bewusstseinszuständen angesehen; in diesem Fall wird angenommen, dass die Dinge nicht mehr so *andauern* wie wir, und eine mathematische Präexistenz ihrer Zukunft in ihrer Gegenwart wird zugelassen. Jede dieser beiden Hypothesen für sich genommen sichert die menschliche Freiheit; denn die erste würde dazu führen, dass auch die Naturerscheinungen kontingent wären, und die zweite lädt dazu ein, das der Dauer unterworfene Selbst als freie Kraft zu betrachten, indem sie die notwendige Bestimmtheit der physikalischen Phänomene auf die Tatsache zurückführt, dass die Dinge nicht wie wir *andauern*. Daher führt jede klare Vorstellung von Kausalität, bei der wir unsere eigene Bedeutung kennen, zu der Idee der menschlichen Freiheit als einer natürlichen Konsequenz. Leider hat sich die Gewohnheit herausgebildet, das Prinzip der Kausalität gleichzeitig in beiden Bedeutungen zu nehmen, weil die eine unserer Vorstellungskraft mehr schmeichelt und die andere dem mathematischen Denken zuträglicher ist. Manchmal denken wir vor allem an die regelmäßige *Abfolge* der physikalischen Erscheinungen und an die Art der inneren Anstrengung, durch die eine *zur* anderen *wird*; manchmal fixieren wir unsere Gedanken auf die absolute *Regelmäßigkeit* dieser Erscheinungen, und von der Vorstellung der Regelmäßigkeit gehen wir mit unmerklichen Schritten zu der der mathematischen Notwendigkeit über, die eine auf die erste Weise verstandene Dauer ausschließt. Und wir sehen

> Jede dieser widersprüchlichen Interpretationen von Kausalität und Dauer für sich genommen schützt die Freiheit, zusammengenommen zerstören sie sie.

keinen Schaden darin, diese beiden Vorstellungen ineinander übergehen zu lassen und der einen oder der anderen eine größere Bedeutung beizumessen, je nachdem, ob uns die Interessen der Wissenschaft mehr oder weniger am Herzen liegen. Aber das Prinzip der Kausalität in dieser zweideutigen Form auf die Abfolge von Bewusstseinszuständen anzuwenden, bedeutet, sich unnötigerweise und mutwillig in unlösbare Schwierigkeiten zu begeben. Der Begriff der Kraft, der eigentlich den der notwendigen Determination ausschließt, hat sich sozusagen angewöhnt, mit dem der Notwendigkeit zu verschmelzen, und zwar als Folge des Gebrauchs, den wir vom Kausalitätsprinzip in der Natur machen. Einerseits kennen wir die Kraft nur durch das Zeugnis des Bewusstseins, und das Bewusstsein behauptet nicht, versteht nicht einmal die absolute Bestimmtheit der jetzt noch kommenden Handlungen: das ist alles, was uns die Erfahrung lehrt, und wenn wir uns an die Erfahrung halten, müssten wir sagen, dass wir uns frei fühlen, dass wir die Kraft, zu Recht oder zu Unrecht, als eine freie Spontaneität wahrnehmen. Aber andererseits ist diese Idee der Kraft, die in die Natur hineingetragen wird und dort Seite an Seite mit der Idee der Notwendigkeit reist, verdorben, bevor sie von der Reise zurückkehrt. Sie kehrt imprägniert mit der Idee der Notwendigkeit zurück: und angesichts der Rolle, die wir ihr in der äußeren Welt zugedacht haben, betrachten wir die Kraft als etwas, das mit strenger Notwendigkeit die Wirkungen bestimmt, die von ihr ausgehen. Auch hier rührt der Fehler des Bewusstseins daher, dass es das Selbst nicht direkt betrachtet, sondern durch eine Art Brechung durch die Formen, die es der äußeren Wahrnehmung geliehen hat, und die diese nicht zurückgibt, ohne ihre Spuren hinterlassen zu haben. Es ist sozusagen ein Kompromiss zwischen der Idee der Kraft und der Idee der notwendigen Bestimmung zustande gekommen. Die rein mechanische Bestimmung zweier äußerer Erscheinungen durch einander nimmt nun in unseren Augen dieselbe Form an wie die dynamische Beziehung unserer Kraftanstrengung zu der ihr entspringenden Handlung; aber diese letztere Beziehung nimmt im Gegenzug die Form einer mathematischen Ableitung an, indem die menschliche Handlung als mechanisch und damit notwendig aus der sie erzeugenden Kraft hervorgehend angenommen wird. Es besteht kein Zweifel, dass diese Vermischung zweier verschiedener und fast entgegengesetzter Ideen dem gesunden Menschenverstand Vorteile bietet, da sie es uns ermöglicht, sowohl die Beziehung, die zwischen zwei Momenten unseres Lebens besteht, als auch diejenige, die die aufeinanderfolgenden Momente der äußeren Welt miteinander verbindet, auf dieselbe Weise darzustellen und mit ein und demselben Wort zu bezeichnen. Wir haben gesehen, dass unsere tiefsten Bewusstseinszustände zwar eine numerische Vielheit ausschließen, dass wir sie aber dennoch in Teile zerlegen, die einander äußerlich sind; dass die Elemente der konkreten Dauer einander zwar durchdringen, dass aber die Dauer, die sich in der Ausdehnung ausdrückt, Momente aufweist, die so verschieden sind wie die im Raum verstreuten Körper. Ist es dann verwunderlich, dass wir zwischen den Momenten unseres Lebens, wenn es sozusagen objektiviert wurde, eine Beziehung herstellen, die der objektiven Beziehung der Kausalität entspricht, und dass ein Austausch, der wiederum mit dem Phänomen der Endosmose verglichen werden kann, zwischen der dynamischen Idee der freien Anstrengung und dem mathematischen Konzept der notwendigen Bestimmung stattfindet?

Aber die Trennung dieser beiden Vorstellungen ist in den Naturwissenschaften eine vollendete Tatsache. Der Physiker mag von *Kräften* sprechen und sich sogar ihre Wirkungsweise in Analogie zu einer inneren Anstrengung vorstellen, aber er wird diese Hypothese niemals in eine wissenschaftliche Erklärung einbringen. Selbst diejenigen, die mit Faraday die ausgedehnten Atome durch dynamische Punkte ersetzen, werden die Kraftzentren und die Kraftlinien mathematisch behandeln, ohne sich um die Kraft selbst zu kümmern, die als Aktivität oder Anstrengung betrachtet wird.

Obwohl sie im Volksglauben vereint sind, werden die Ideen der freien Anstrengung und der notwendigen Entschlossenheit von der physikalischen Wissenschaft auseinander gehalten.

Auf diese Weise wird klar, dass die Beziehung der äußeren Kausalität rein mathematisch ist und keine Ähnlichkeit mit der Beziehung zwischen der psychischen Kraft und der ihr entspringenden Handlung hat.

Es ist nun an der Zeit, hinzuzufügen, dass die Beziehung der inneren Kausalität rein dynamisch ist und keine Analogie mit der Beziehung zweier äußerer Phänomene hat, die sich gegenseitig bedingen.

Denn da letztere sich in einem homogenen Raum wiederholen können, lässt sich ihre Beziehung in Form eines Gesetzes ausdrücken, während tief sitzende psychische Zustände einmal im Bewusstsein auftreten und nie wieder auftreten werden. Eine sorgfältige Analyse des psychologischen Phänomens hat uns anfangs zu dieser Schlussfolgerung geführt; das Studium der Begriffe der Kausalität und der Dauer, für sich betrachtet, hat sie nur bestätigt.

> Sie sollten auch psychologisch auseinander gehalten werden.

Wir können nun unsere Vorstellung von Freiheit formulieren. Freiheit ist das Verhältnis des konkreten Selbst zu der Handlung, die es vollzieht. Dieses Verhältnis ist unbestimmbar, gerade weil wir frei *sind*. Denn wir können ein Ding analysieren, aber nicht einen Prozess; wir können die Ausdehnung zerlegen, aber nicht die Dauer. Oder, wenn wir darauf beharren, sie zu analysieren, verwandeln wir unbewusst den Prozess in ein Ding und die Dauer in die Ausdehnung. Indem wir die konkrete Zeit zerlegen, setzen wir ihre Momente in einen homogenen Raum; an die Stelle des Tuns setzen wir das bereits Getane; und da wir damit begonnen haben, die Aktivität des Selbst sozusagen zu stereotypisieren, sehen wir, wie sich die Spontaneität in Trägheit und die Freiheit in Notwendigkeit verwandelt. So wird jede positive Definition der Freiheit den Sieg des Determinismus sichern.

> Freiheit ist real, aber undefinierbar.

Sollen wir den freien Akt definieren, indem wir von diesem Akt, wenn er einmal getan ist, sagen, dass er auch hätte ungetan bleiben können? Aber diese Behauptung, wie auch ihr Gegenteil, impliziert die Idee einer absoluten Äquivalenz zwischen konkreter Dauer und ihrem räumlichen Symbol: und sobald wir diese Äquivalenz zugeben, werden wir durch die Entwicklung der Formel, die wir gerade dargelegt haben, zum strengsten Determinismus geführt.

Sollen wir die freie Handlung definieren als "das, was nicht vorhergesehen werden konnte, selbst wenn alle Bedingungen im Voraus bekannt waren?" Aber alle Bedingungen als gegeben zu betrachten, bedeutet, sich bei der konkreten Dauer in den Augenblick zu versetzen, in dem die Handlung vollzogen wird. Oder man gibt zu, dass man sich die psychische Dauer im Voraus symbolisch vorstellen kann, was, wie gesagt, darauf hinausläuft, die Zeit als ein homogenes Medium zu behandeln und mit neuen Worten die absolute Gleichwertigkeit der Dauer mit ihrem Symbol zu bekräftigen. Eine genauere Untersuchung dieser zweiten Definition der Freiheit führt uns also erneut zum Determinismus.

Sollen wir schließlich die freie Handlung definieren, indem wir sagen, dass sie nicht notwendigerweise durch ihre Ursache bestimmt ist? Aber entweder verlieren diese Worte ihren Sinn, oder wir verstehen darunter, dass dieselben inneren Ursachen nicht immer dieselben Wirkungen hervorrufen werden. Wir geben also zu ( ), dass sich die psychischen Anfänge einer freien Handlung wiederholen können, dass sich die Freiheit in einer Dauer zeigt, deren Momente einander ähneln, und dass die Zeit ein homogenes Medium ist, wie der Raum. Wir werden also auf die Idee einer Äquivalenz zwischen der Dauer und ihrem räumlichen Symbol zurückkommen; und indem wir die Definition der Freiheit, die wir festgelegt haben, vorantreiben, werden wir den Determinismus wieder aus ihr herausholen.

Zusammenfassend lässt sich sagen, dass jeder Erklärungsbedarf in Bezug auf die Freiheit, ohne dass wir es ahnen, auf die folgende Frage zurückgeht: "Kann die Zeit durch den Raum adäquat dargestellt werden?" Darauf antworten wir: Ja, wenn es sich um geflogene Zeit handelt; Nein, wenn man von fließender Zeit spricht. Nun, der freie Akt findet in der fließenden Zeit statt und nicht in der bereits verstrichenen Zeit. Die Freiheit ist also eine Tatsache, und unter den Tatsachen, die wir beobachten, gibt es keine, die klarer ist. Alle Schwierigkeiten des Problems und das Problem selbst rühren von dem Wunsch her, die Dauer mit denselben Attributen wie die Dehnbarkeit auszustatten, eine Folge durch eine Gleichzeitigkeit zu interpretieren und die Idee der Freiheit in einer Sprache auszudrücken, in die sie offensichtlich nicht übersetzbar ist.

SCHLUSSFOLGERUNG

Um die vorangegangene Diskussion zusammenzufassen, lassen wir die Terminologie Kants und auch seine Lehre, auf die wir später zurückkommen werden, vorerst beiseite und nehmen den Standpunkt des gesunden Menschenverstandes ein. Die moderne Psychologie scheint uns besonders darauf bedacht zu sein, zu beweisen, dass wir die Dinge durch das Medium bestimmter Formen wahrnehmen, die unserer eigenen Konstitution entlehnt sind. Diese

Tendenz ist seit Kant immer deutlicher geworden: Während der deutsche Philosoph eine scharfe Trennungslinie zwischen Zeit und Raum, zwischen Extensivem und Intensivem und, wie wir heute sagen würden, zwischen Bewusstsein und äußerer Wahrnehmung zog, versucht die empirische Schule, indem sie die Analyse noch weiter treibt, das Extensive aus dem Intensiven, den Raum aus der Dauer und die Äußerlichkeit aus den inneren Zuständen zu rekonstruieren. Die Physik kommt hinzu, um die Arbeit der Psychologie in dieser Hinsicht zu vervollständigen: Sie zeigt, dass wir, wenn wir die Phänomene vorhersagen wollen, den Eindruck, den sie auf das Bewusstsein machen, auslöschen und die Empfindungen als Zeichen der Realität, nicht als Realität selbst behandeln müssen.

Es schien uns ein guter Grund zu sein, uns das umgekehrte Problem zu stellen und zu fragen, ob die offensichtlichsten Zustände des Ichs selbst, von denen wir glauben, dass wir sie direkt erfassen, nicht zumeist durch das Medium bestimmter Formen wahrgenommen werden, die wir der Außenwelt entlehnt haben, die uns also zurückgibt, was wir ihr geliehen haben. *A priori*

scheint es ziemlich wahrscheinlich, dass dies der Fall ist. Denn wenn man davon ausgeht, dass die erwähnten Formen, in die wir die Materie einpassen, ganz und gar aus dem Geist stammen, scheint es schwierig, sie ständig auf die Gegenstände anzuwenden, ohne dass diese bald einen Abdruck auf ihnen hinterlassen: Wenn wir dann diese Formen benutzen, um unsere eigene Person kennenzulernen, laufen wir Gefahr, für die Färbung des Selbst den Abglanz des Rahmens zu halten, in den wir es stellen, d. h. der Außenwelt. Man kann aber noch weiter gehen und behaupten, dass die Formen, die auf die Dinge anwendbar sind, nicht ganz unser eigenes Werk sein können, dass sie aus einem Kompromiss zwischen Materie und Geist resultieren müssen, dass wir, wenn wir der Materie viel geben, wahrscheinlich auch etwas von ihr erhalten, und dass wir daher, wenn wir versuchen, uns nach einem Ausflug in die Außenwelt zu begreifen, nicht mehr die Hände frei haben.

So wie wir, um die wirklichen Beziehungen der physikalischen Phänomene zueinander festzustellen, alles abstrahieren, was in unserer Art der Wahrnehmung und des Denkens offensichtlich mit ihnen kollidiert, so muss die Psychologie, um das Selbst in seiner ursprünglichen Reinheit zu sehen, bestimmte Formen, die das offensichtliche Zeichen der äußeren Welt tragen, beseitigen oder korrigieren. Welches sind diese Formen? Wenn man sie voneinander isoliert und als viele verschiedene Einheiten betrachtet, scheinen die psychischen Zustände mehr oder weniger *intensiv zu* sein. *Betrachtet man sie* in ihrer Vielfalt, so entfalten sie sich in der Zeit und bilden eine *Dauer*. Schließlich scheinen sie sich in ihren Beziehungen zueinander und in dem Maße, wie sie in ihrer Vielfalt eine gewisse Einheit bewahren, gegenseitig zu *bestimmen*. Intensität, Dauer, freiwillige Bestimmung - das sind die drei Begriffe, die es zu klären galt, indem man sie von allem befreite, was sie dem Eindringen der sinnlichen Welt und, mit einem Wort, der Besessenheit von der Idee des Raumes verdanken.

> Um die Intensität, die Dauer und die freiwillige Bestimmung der psychischen Zustände zu verstehen, müssen wir die Idee des Raumes eliminieren.

Bei der Untersuchung der ersten dieser Ideen haben wir festgestellt, dass die psychischen Phänomene an sich reine Qualität oder qualitative Vielheit sind, und dass andererseits ihre Ursache, die im Raum liegt, Quantität

> Intensität ist Qualität und nicht Quantität oder Ausmaß.

ist. In dem Maße, in dem diese Qualität zum Zeichen der Quantität wird und wir das Vorhandensein der Letzteren hinter der Ersteren vermuten, nennen wir sie Intensität. Die Intensität eines einfachen Zustandes ist also nicht die Quantität, sondern ihr qualitatives Zeichen. Du wirst feststellen, dass sie aus einem Kompromiss zwischen reiner Qualität, die der Zustand des Bewusstseins ist, und reiner Quantität, die notwendigerweise Raum ist, entsteht. Sie geben diesen Kompromiss ohne die geringsten Skrupel auf, wenn Sie die äußeren Dinge untersuchen, da Sie dann die Kräfte selbst beiseite lassen, vorausgesetzt, dass sie existieren, und nur ihre messbaren und ausgedehnten Wirkungen betrachten. Warum halten Sie dann an diesem hybriden Konzept fest, wenn Sie ihrerseits den Zustand des Bewusstseins analysieren? Wenn die Größe außerhalb von Ihnen niemals intensiv ist, ist die Intensität in Ihnen niemals Größe. Weil sie dies übersehen haben, waren die Philosophen gezwungen, zwei Arten von Quantität zu unterscheiden, die eine extensiv, die andere intensiv, ohne jemals erklären zu können, was sie gemeinsam haben oder wie dieselben Wörter "Zunahme" und "Abnahme" für so unterschiedliche Dinge verwendet werden können. Auf dieselbe Weise sind sie für die Übertreibungen der Psychophysik verantwortlich, denn sobald man der Empfindung die Kraft der Vergrößerung in einem anderen als einem metaphorischen Sinne zuschreibt, wird man aufgefordert, herauszufinden, um wie viel sie sich vergrößert. Und obwohl das Bewusstsein keine intensive Größe misst, folgt daraus nicht, dass es der Wissenschaft nicht indirekt gelingen könnte, dies zu tun, wenn es sich um eine Größe handelt. Daher ist entweder eine psychophysikalische Formel möglich oder die Intensität eines einfachen psychischen Zustands ist eine reine Qualität.

Als wir uns dann dem Konzept der Vielheit zuwandten, sahen wir, dass wir, um eine Zahl zu konstruieren, erstens die Intuition eines homogenen Mediums haben müssen, nämlich des Raums, in dem *Unsere Bewusstseinszustände sind keine diskrete Vielfalt.* voneinander verschiedene Begriffe in einer Linie angeordnet werden können, und zweitens einen Prozess der Durchdringung und Organisation, durch den diese Einheiten dynamisch zusammengefügt werden und das bilden, was wir eine qualitative Vielheit nannten. Dank dieses dynamischen Prozesses *werden* die Einheiten addiert, aber sie bleiben aufgrund ihrer Präsenz im Raum *unterscheidbar*. Die Zahl oder die diskrete Mannigfaltigkeit resultiert also auch aus einem Kompromiss. Wenn wir nun die materiellen Objekte an sich betrachten, geben wir diesen Kompromiss auf, da wir sie als undurchdringlich und teilbar, d.h. als unendlich verschieden voneinander betrachten. Deshalb müssen wir ihn auch aufgeben, wenn wir unser eigenes Selbst studieren. Der Assoziationismus hat viele Fehler begangen, weil er dies nicht getan hat, z. B. den Versuch, einen psychischen Zustand durch die Hinzufügung verschiedener Bewusstseinszustände zu rekonstruieren und so das Symbol des Ichs an die Stelle des Ichs selbst zu setzen.

Diese Vorüberlegungen ermöglichten es uns, uns dem Hauptgegenstand dieser Arbeit zu nähern, nämlich der Analyse der Begriffe Dauer und Freiwilligkeit.

Was ist die Dauer in uns? Eine qualitative Vielfalt, die keine Ähnlichkeit mit der Zahl hat; eine organische Entwicklung, die jedoch keine zunehmende Quantität ist; eine reine Heterogenität, in der es keine unterschiedlichen Qualitäten gibt. Mit einem Wort, die Momente der inneren Dauer sind einander nicht äußerlich.

> Die innere Dauer ist eine qualitative Vielheit.

Welche Dauer gibt es außerhalb von uns? Nur die Gegenwart, oder, wenn wir den Ausdruck vorziehen, die Gleichzeitigkeit. Zweifellos verändern sich die äußeren Dinge, aber ihre Momente *folgen* nicht aufeinander, wenn wir die gewöhnliche Bedeutung des Wortes beibehalten, außer für ein Bewusstsein, das sie im Gedächtnis behält. Wir beobachten außerhalb von uns in einem bestimmten Augenblick ein ganzes System von Gleichzeitigkeiten; von den Gleichzeitigkeiten, die ihnen vorausgegangen sind, bleibt nichts übrig. Die Dauer in den Raum zu stellen, bedeutet in Wirklichkeit, sich selbst zu widersprechen und die Folge in die Gleichzeitigkeit zu stellen. Man darf also nicht sagen, dass die äußeren Dinge

> Im Äußeren finden wir nicht Dauer, sondern Gleichzeitigkeit.

fortbestehen, sondern dass es in ihnen einen unaussprechlichen Grund gibt, aufgrund dessen wir sie in den aufeinanderfolgenden Momenten unserer eigenen Dauer nicht untersuchen können, ohne zu bemerken, dass sie sich verändert haben. Diese Veränderung hat aber nichts mit Sukzession zu tun, es sei denn, man nimmt das Wort in einem neuen Sinn: In diesem Punkt haben wir die Übereinstimmung von Wissenschaft und gesundem Menschenverstand festgestellt.

So finden wir im Bewusstsein Zustände, die aufeinander folgen, ohne voneinander unterschieden zu werden; und im Raum Gleichzeitigkeiten, die, ohne aufeinander zu folgen, voneinander unterschieden werden, in dem Sinne, dass die eine aufgehört hat zu existieren, wenn die andere erscheint. Außerhalb von uns, gegenseitige Äußerlichkeit ohne Aufeinanderfolge; innerhalb von uns, Aufeinanderfolge ohne gegenseitige Äußerlichkeit.

Hier kommt wieder ein Kompromiss ins Spiel. Den Gleichzeitigkeiten, die die äußere Welt ausmachen und die, obwohl unterschiedlich, *für unser Bewusstsein* aufeinander folgen, schreiben wir eine Aufeinanderfolge *in sich selbst zu.* Daher die Vorstellung, dass die Dinge so *andauern* wie wir selbst und dass die Zeit in den Raum gebracht werden kann. Aber während unser Bewußtsein auf diese Weise den äußeren Dingen eine Aufeinanderfolge verleiht, externalisieren umgekehrt diese Dinge selbst die aufeinanderfolgenden Momente unserer inneren Dauer im Verhältnis zueinander. Die Gleichzeitigkeiten der physikalischen Phänomene, die in dem Sinne absolut verschieden sind, dass das eine aufhört zu sein, wenn das andere stattfindet, zerschneiden sich in Teile, die ebenfalls verschieden und einander äußerlich sind, ein inneres Leben, in dem die Aufeinanderfolge eine gegenseitige Durchdringung impliziert, so wie das Pendel einer Uhr sich in verschiedene Fragmente zerteilt und sozusagen die dynamische und ungeteilte Spannung der Feder in die Länge zieht. So entsteht durch einen realen Prozess der Endosmose die gemischte Idee einer messbaren Zeit, die Raum ist, insofern

> Die Idee einer messbaren Zeit ergibt sich aus einem Kompromiss zwischen den Ideen der Sukzession und der Externalität.

sie Homogenität ist, und Dauer, insofern sie Sukzession ist, also im Grunde die widersprüchliche Idee der Sukzession in der Simultaneität.

Diese beiden Elemente nun, Ausdehnung und Dauer, zerreißt die Wissenschaft, wenn sie die äußeren Dinge genau untersucht. Denn wir haben darauf hingewiesen, dass die Wissenschaft nichts von der Dauer, sondern von der Gleichzeitigkeit behält, und nichts von der Bewegung selbst, sondern die Position des sich bewegenden Körpers, d.h. die Unbeweglichkeit. Hier wird eine sehr scharfe Trennung vorgenommen, und der Raum kommt dabei am besten weg.

> So wie die Wissenschaft die Dauer aus der äußeren Welt eliminiert, muss die Philosophie den Raum aus der inneren Welt eliminieren.

Daher wird dieselbe Trennung wieder vorgenommen werden müssen, aber diesmal zum Vorteil der Dauer, wenn man die inneren Phänomene untersucht, und zwar nicht die inneren Phänomene, die einmal entwickelt sind oder nachdem die diskursive Vernunft sie getrennt und in ein homogenes Medium gesetzt hat, um sie zu verstehen, sondern die inneren Phänomene in ihrer Entwicklung und insofern sie durch ihre Durchdringung die kontinuierliche Entwicklung einer freien Person ausmachen. Die Dauer, die auf diese Weise in ihre ursprüngliche Reinheit zurückgeführt wird, erscheint als eine ganz und gar qualitative Vielheit, eine absolute Heterogenität von Elementen, die ineinander übergehen.

Weil sie aber diese notwendige Trennung unterlassen haben, sind die einen dazu verleitet worden, die Freiheit zu leugnen, und die anderen, sie zu definieren, und damit unwillkürlich auch zu leugnen. Sie fragen nämlich, ob die Handlung vorhersehbar sei oder nicht, da die Gesamtheit ihrer Bedingungen gegeben sei; und ob sie es behaupten oder leugnen, sie geben zu, dass diese Gesamtheit der Bedingungen als im Voraus gegeben aufgefasst werden könne: was, wie wir gezeigt haben, darauf hinausläuft, die

> Die Vernachlässigung der Trennung von Umfang und Dauer führt dazu, dass die eine Seite die Freiheit verneint und die andere sie definiert.

Dauer als ein homogenes Ding und die Intensitäten als Größen zu behandeln. Entweder sagen sie, dass der Akt durch seine Bedingungen *bestimmt* wird, ohne zu bemerken, dass sie mit dem doppelten Sinn des Wortes Kausalität spielen, und dass sie damit der Dauer gleichzeitig zwei Formen geben, die sich gegenseitig ausschließen. Oder sie berufen sich auf den Grundsatz der Energieerhaltung, ohne zu fragen, ob dieser Grundsatz auch für die Momente der Außenwelt gilt, die einander gleichwertig sind, und für die Momente eines lebendigen und bewussten Wesens, die einen immer reicheren Inhalt erhalten. Auf welche Weise auch immer, mit einem Wort, die Freiheit betrachtet wird, sie kann nicht geleugnet werden, es sei denn unter der Bedingung, dass man die Zeit mit dem Raum identifiziert; sie kann nicht definiert werden, es sei denn unter der Bedingung, dass man verlangt, dass der Raum die Zeit angemessen repräsentiert; sie kann nicht in dem einen oder anderen Sinne diskutiert werden, es sei denn unter der Bedingung, dass man vorher Sukzession und Gleichzeitigkeit verwechselt. Jeder Determinismus wird also durch die Erfahrung widerlegt, aber jeder Versuch, Freiheit zu definieren, öffnet den Weg zum Determinismus.

Wenn man sich nun fragt, warum diese Trennung von Dauer und Ausdehnung, die die Wissenschaft in der äußeren Welt so selbstverständlich vornimmt, eine solche Anstrengung erfordert und so viel Widerwillen hervorruft, wenn es sich um innere Zustände handelt, so dauert es nicht lange, bis man den Grund dafür erkennt. Der Hauptzweck der Wissenschaft ist die Vorhersage und die Messung: nun können wir die physikalischen Phänomene nicht vorhersagen, es sei denn, wir nehmen an, dass sie nicht so *andauern* wie wir; und andererseits ist das einzige, was wir messen können, der Raum. Daher entsteht hier von selbst der Bruch zwischen Qualität und Quantität, zwischen wahrer Dauer und reiner Dehnbarkeit. Wenden wir uns aber unseren Bewusstseinszuständen zu, so haben wir alles zu gewinnen, wenn wir die Illusion aufrechterhalten, durch die wir sie an der wechselseitigen Äußerlichkeit der äußeren Dinge teilhaben lassen, denn diese Unterscheidbarkeit und zugleich diese Verfestigung befähigt uns, ihnen trotz ihrer Unbeständigkeit feste und trotz ihrer Durchdringung verschiedene

Namen zu geben. Sie ermöglicht es uns, sie zu objektivieren, sie in den Strom des gesellschaftlichen Lebens zu werfen.

So gibt es schließlich zwei verschiedene Selbste, von denen das eine gleichsam die äußere Projektion des anderen ist, seine räumliche und gleichsam soziale Repräsentation. Zu ersterem gelangen wir durch tiefe Introspektion, die uns dazu bringt, unsere inneren Zustände als lebendige, ständig *im Werden begriffene* Dinge zu begreifen, als nicht messbare Zustände, die sich gegenseitig durchdringen und deren Aufeinanderfolge in der Dauer nichts mit dem Nebeneinander im homogenen Raum gemein hat. Aber die Momente, in denen wir uns so begreifen, sind selten, und gerade deshalb sind wir selten frei. Die meiste Zeit leben wir außerhalb von uns selbst und nehmen kaum etwas von uns selbst wahr als unseren eigenen Geist, einen farblosen Schatten, den die reine Dauer in den homogenen Raum projiziert. Daher entfaltet sich unser Leben eher im Raum als in der Zeit; wir leben eher für die Außenwelt als für uns selbst; wir sprechen eher, als dass wir denken; wir "werden gehandelt", als dass wir selbst handeln. Frei zu handeln bedeutet, den Besitz über sich selbst zurückzugewinnen und in die reine Dauer zurückzukehren.

> Daraus ergeben sich zwei verschiedene Selbste: (1) das grundlegende Selbst; (2) seine räumliche und soziale Repräsentation: nur das erste ist frei.

Kants großer Fehler war es, die Zeit als ein homogenes Medium zu betrachten. Er hat nicht bemerkt, dass die wirkliche Dauer aus ineinander liegenden Momenten besteht und dass sie, wenn sie die Form eines homogenen Ganzen anzunehmen scheint, dies deshalb tut, weil sie im Raum ausgedrückt wird. So läuft die Unterscheidung, die er zwischen Raum und Zeit macht, im Grunde darauf hinaus, die Zeit mit dem Raum zu verwechseln, und die symbolische Darstellung des Ichs mit dem Ich selbst. Er dachte, dass das Bewusstsein nicht in der Lage sei, psychische Zustände anders als durch Nebeneinanderstellung wahrzunehmen, und vergaß dabei, dass das Medium, in dem diese Zustände nebeneinander gestellt und voneinander unterschieden werden, natürlich der

> Kant hielt an der Freiheit fest, stellte aber das freie Selbst außerhalb von Raum und Zeit.

Raum und nicht die Dauer ist. Dadurch wurde er zu der Annahme verleitet, dass dieselben Zustände in den Tiefen des Bewusstseins wiederkehren können, so wie dieselben physikalischen Phänomene im Raum wiederholt werden; dies hat er zumindest implizit zugegeben, als er der kausalen Beziehung dieselbe Bedeutung und dieselbe Funktion in der inneren wie in der äußeren Welt zuschrieb. So wurde die Freiheit zu einer unbegreiflichen Tatsache. Und doch blieb sein Glaube an die Freiheit aufgrund seines unbegrenzten, wenn auch unbewussten Vertrauens in diese innere Wahrnehmung, deren Umfang er einzuschränken versuchte, unerschütterlich. Er erhob sie daher in die Sphäre der Noumena; und da er Dauer mit Raum verwechselt hatte, machte er aus diesem echten freien Selbst, das in der Tat außerhalb des Raumes liegt, ein Selbst, das auch außerhalb der Dauer und damit außerhalb der Reichweite unseres Erkenntnisvermögens liegen soll. In Wahrheit aber nehmen wir dieses Selbst immer dann wahr, wenn wir durch eine anstrengende Anstrengung des Nachdenkens unsere Augen von dem Schatten abwenden, der uns folgt, und uns in uns selbst zurückziehen. Obwohl wir im Allgemeinen außerhalb unserer eigenen Person leben und handeln, eher im Raum als in der Dauer, und obwohl wir auf diese Weise dem Gesetz der Kausalität, das dieselben Wirkungen an dieselben Ursachen bindet, eine Handhabe geben, können wir dennoch immer wieder in die reine Dauer zurückkehren, deren Momente innerlich und zueinander heterogen sind und in der eine Ursache ihre Wirkung nicht wiederholen kann, da sie sich selbst niemals wiederholen wird.

Gerade in dieser Verwechslung der wahren Dauer mit ihrem Symbol liegt die Stärke und die Schwäche des Kantianismus. Kant stellt sich auf der einen Seite "Dinge an sich" und auf der anderen Seite eine homogene Zeit und einen homogenen Raum vor, durch die die "Dinge an sich" gebrochen werden: So sollen einerseits das phänomenale Selbst - ein Selbst, das das Bewusstsein wahrnimmt - und andererseits die äußeren Objekte entstehen. Zeit und Raum wären nach dieser Auffassung nicht mehr in uns als außerhalb von uns; die Unterscheidung von außen und innen wäre das Werk von Zeit

Kant betrachtete sowohl Raum als auch Zeit als homogen.

und Raum. Diese Doktrin hat den Vorteil, dass sie unserem empirischen Denken eine solide Grundlage bietet und garantiert, dass die Phänomene als Phänomene hinreichend erkennbar sind. In der Tat könnten wir diese Phänomene verabsolutieren und auf die unbegreiflichen "Dinge an sich" verzichten, wenn nicht die praktische Vernunft, die Offenbarerin der Pflicht, wie die platonische Reminiszenz eintreten würde, um uns zu warnen, dass das "Ding an sich" existiert, unsichtbar, aber präsent. Der beherrschende Faktor in der gesamten Theorie ist die sehr scharfe Unterscheidung zwischen der Materie des Bewusstseins und seiner Form, zwischen dem Homogenen und dem Heterogenen, und diese entscheidende Unterscheidung wäre wahrscheinlich nie getroffen worden, wenn man nicht auch die Zeit als ein Medium betrachtet hätte, das gleichgültig ist gegenüber dem, was es ausfüllt.

Wäre aber die Zeit, wie das unmittelbare Bewusstsein sie wahrnimmt, wie der Raum ein homogenes Medium, so könnte die Wissenschaft mit ihr ebenso umgehen wie mit dem Raum. Wir haben nun zu beweisen versucht, dass die Dauer als Dauer und die Bewegung als Bewegung sich dem Zugriff der Mathematik entziehen: der Zeit entgleitet alles außer der Gleichzeitigkeit, der Bewegung alles außer der Unbeweglichkeit. Das ist es, was die Kantianer und sogar ihre Gegner nicht zu begreifen scheinen: in dieser sogenannten phänomenalen Welt, die, wie man uns sagt, eine für die wissenschaftliche Erkenntnis geschaffene Welt ist, sind alle Beziehungen, die sich nicht in Gleichzeitigkeit, d.h. in Raum, übersetzen lassen, wissenschaftlich unerkennbar.

Zweitens könnten in einer als homogen angenommenen Dauer ( ) dieselben Zustände immer wieder auftreten, die Kausalität würde eine notwendige Determination implizieren, und alle Freiheit würde unverständlich werden. Das ist in der Tat das Ergebnis, zu dem die Kritik der reinen Vernunft führt. Aber anstatt daraus den Schluss zu ziehen, dass die wirkliche Dauer heterogen ist, was durch die Klärung der zweiten Schwierigkeit seine Aufmerksamkeit auf die erste gelenkt hätte, zog Kant es vor, die Freiheit außerhalb der Zeit zu stellen und eine unüberwindliche Schranke zwischen der Welt der Phänomene, die er mit Haut und Haaren unserem Verstand überlässt, und der Welt der Dinge an sich zu errichten, die zu betreten er uns verbietet.

Aber vielleicht ist diese Unterscheidung zu scharf, und vielleicht ist die Barriere leichter zu überwinden, als er angenommen hat. Denn wenn vielleicht die von einem aufmerksamen Bewusstsein wahrgenommenen Momente wirklicher Dauer einander durchdringen würden, statt nebeneinander zu liegen, und wenn diese Momente zueinander eine Heterogenität bildeten, innerhalb derer die Idee notwendiger Bestimmtheit jeden Fetzen von Bedeutung verlöre, dann wäre das vom Bewußtsein erfaßte Selbst eine freie Ursache, wir hätten ein absolutes Wissen von uns selbst, und andererseits wären, gerade weil dieses Absolute sich ständig mit den Erscheinungen vermischt und, indem es sich mit ihnen füllt, sie durchdringt, diese Erscheinungen selbst nicht so zugänglich, wie man behauptet, für mathematische Überlegungen,

Wir haben also die Existenz eines homogenen Raumes angenommen und mit Kant diesen Raum von der Materie, die ihn ausfüllt, unterschieden. Mit ihm haben wir zugegeben, dass der homogene Raum eine "Form unseres Empfindungsvermögens" ist: und wir verstehen darunter einfach, dass andere Gemüter, z. B. die der Tiere, des gesellschaftlichen Lebens, zwar Gegenstände wahrnehmen, sie aber weder voneinander noch von sich selbst so deutlich unterscheiden. Diese Intuition eines homogenen Mediums, eine dem Menschen eigentümliche Intuition, ermöglicht es uns, unsere Begriffe im Verhältnis zueinander zu externalisieren, offenbart uns die Objektivität der Dinge, und so, auf zweierlei Weise, einerseits, indem sie alles für die Sprache bereit macht, und andererseits, indem sie uns eine äußere, von uns selbst ganz verschiedene Welt zeigt, an deren Wahrnehmung alle Geister einen gemeinsamen Anteil haben, ahnt und bereitet sie den Weg für das soziale Leben.

Diesem homogenen Raum haben wir das Selbst gegenübergestellt, wie es von einem aufmerksamen Bewusstsein wahrgenommen wird, ein lebendiges Selbst, dessen Zustände, die zugleich undifferenziert und unbeständig sind, nicht getrennt *werden können*, ohne ihre Natur zu verändern, und die keine feste Form erhalten oder in Worten ausgedrückt werden können, ohne öffentliches Eigentum zu werden. Wie könnte dieses Selbst, das die äußeren Objekte so scharf unterscheidet und sie so leicht durch Symbole darstellt, der Versuchung widerstehen, dieselben Unterscheidungen in sein eigenes Leben einzuführen und die Durchdringung seiner psychischen Zustände, ihre rein qualitative Vielfalt, durch eine numerische Pluralität von Begriffen zu ersetzen, die voneinander unterschieden, nebeneinander gestellt und durch Worte ausgedrückt werden? An die Stelle einer heterogenen Dauer, deren Momente sich gegenseitig durchdringen, tritt so eine homogene Zeit, deren Momente auf einer räumlichen Linie aufgereiht sind. Anstelle eines Innenlebens, dessen aufeinanderfolgende Phasen, jede für sich einzigartig, nicht in den festen Begriffen der Sprache ausgedrückt werden können, erhalten wir ein Selbst, das künstlich rekonstruiert werden kann, und einfache psychische Zustände, die zueinander hinzugefügt und voneinander genommen werden können, so wie die Buchstaben des Alphabets bei der Bildung von Wörtern. Nun darf man sich dies nicht nur als eine Art der symbolischen Darstellung vorstellen, denn unmittelbare Intuition und diskursives Denken sind in der konkreten Wirklichkeit eins, und derselbe Mechanismus, mit dem wir anfangs nur unser Verhalten erklären wollten, wird am Ende auch dieses kontrollieren. Unsere psychischen Zustände, die sich dann voneinander trennen, werden sich verfestigen; zwischen unseren so kristallisierten Ideen und unseren äußeren Bewegungen werden wir sehen, wie sich dauerhafte Assoziationen bilden;

> Wenn aber die konkrete Dauer heterogen ist, ist die Beziehung zwischen psychischem Zustand und Handlung einzigartig und die Handlung wird zu Recht als frei beurteilt.

und nach und nach, wenn unser Bewusstsein auf diese Weise den Prozess nachahmt, durch den die Nervensubstanz Reflexhandlungen hervorruft, wird der Automatismus die Freiheit überdecken.[10] Genau an diesem Punkt treten die Assoziationisten und die Deterministen auf der einen Seite und die Kantianer auf der anderen Seite auf. Da sie nur den allgemeinsten Aspekt unseres bewussten Lebens betrachten, sehen sie klar gekennzeichnete Zustände, die sich in der Zeit wie physikalische Phänomene wiederholen können und auf die das Gesetz der kausalen Determination, wenn wir wollen, in demselben Sinne Anwendung findet wie auf die Natur. Da andererseits das Medium, in dem diese psychischen Zustände nebeneinander stehen, Teile aufweist, die einander äußerlich sind und in denen sich dieselben Tatsachen zu wiederholen scheinen, zögern sie nicht, die Zeit zu einem homogenen Medium zu machen und sie wie den Raum zu behandeln. Von nun an ist jeder Unterschied zwischen Dauer und Ausdehnung, Aufeinanderfolge und Gleichzeitigkeit aufgehoben: Es bleibt nur noch, die Freiheit vor die Tür zu setzen oder, wenn man die traditionelle Achtung vor ihr nicht ganz ablegen kann, sie mit aller gebotenen Zeremonie in den überzeitlichen Bereich der "Dinge an sich" zu geleiten, dessen geheimnisvolle Schwelle das Bewusstsein nicht überschreiten kann. Unserer Ansicht nach gibt es aber noch einen dritten Weg, den man einschlagen könnte, nämlich uns in Gedanken zu jenen Momenten unseres Lebens zurückzuversetzen, in denen wir eine schwerwiegende Entscheidung getroffen haben, Momente, die in ihrer Art einzigartig sind und die sich niemals wiederholen werden - genauso wenig wie die vergangenen Phasen in der Geschichte einer Nation jemals wiederkehren werden. Wir sollten erkennen, dass, wenn diese vergangenen Zustände nicht adäquat in Worte gefasst oder durch eine Aneinanderreihung einfacher Zustände künstlich rekonstruiert werden können, dies daran liegt, dass sie in ihrer dynamischen Einheit und ihrer qualitativen Vielfalt Phasen unserer realen und konkreten Dauer sind, einer heterogenen und lebendigen Dauer. Wir sollten sehen, dass, wenn unsere Handlung von uns als frei bezeichnet wurde, dies deshalb geschah, weil die Beziehung dieser Handlung zu dem Zustand, aus dem sie hervorging, nicht durch ein Gesetz ausgedrückt werden konnte, da dieser psychische Zustand einzigartig in seiner Art war und nie wieder auftreten konnte. Man muss schließlich sehen, dass der Begriff der notwendigen Bestimmtheit hier jede Bedeutung verliert, dass es weder darum gehen kann, die Handlung vorherzusehen, bevor sie ausgeführt wird, noch darum, über die Möglichkeit der gegenteiligen Handlung nachzudenken, sobald die Tat vollbracht ist, denn alle Bedingungen gegeben zu haben, bedeutet in der konkreten Dauer, sich im Augenblick der Handlung zu befinden und sie nicht vorherzusehen. Aber man muss auch die Illusion verstehen, die die einen glauben lässt, sie seien gezwungen, die Freiheit zu leugnen, und die anderen, sie müssten sie definieren. Denn der Übergang erfolgt in unmerklichen Schritten von der konkreten Dauer, deren Elemente sich gegenseitig durchdringen, zur symbolischen Dauer, deren Momente nebeneinander gesetzt werden, und folglich von der freien Tätigkeit zum bewussten Automatismus. Denn obwohl wir immer dann frei sind, wenn wir bereit sind, in uns selbst zurückzukehren, geschieht es selten, dass wir bereit sind. Und schließlich, weil wir auch in den Fällen, in denen die Handlung frei ausgeführt wird, nicht über sie nachdenken können, ohne ihre Bedingungen äußerlich zueinander zu setzen, also im Raum und nicht mehr in der reinen Dauer. Das Problem der Freiheit ist also einem Missverständnis entsprungen: Es ist für die Modernen das, was die Paradoxa der Eleaten für die Alten waren, und wie diese Paradoxa hat es seinen Ursprung in der Illusion, durch die wir Folge und Gleichzeitigkeit, Dauer und Ausdehnung, Qualität und Quantität verwechseln.

---

[1] Zu diesem Punkt siehe Lange, *Geschichte des Materialismus,* Band ii, Teil ii.

[2] *Vgl. Examination of Sir W. Hamilton's Philosophy, 5. Aufl., (1878), S. 583.*

[3] *Ebd. S. 585.*

[4] *Ebd. S. 585.*

[5] *Die Emotionen und der Wille, Kap. vi.*

[6] *Fouillée, La Liberté et le Déterminisme.*

[7] In Molières Komödie *Le Misanthrope, (Tr.).*

[8] Untersuchung der Philosophie von Sir W. Hamilton. 5. Aufl., (1878), S. 580.

[9] Ebd. S. 583.

[10] von diesen freiwilligen Handlungen, die man mit Reflexbewegungen vergleichen kann, und er hat die Freiheit auf Momente der Krise beschränkt. Aber er scheint nicht bemerkt zu haben, dass der Prozess unserer freien Tätigkeit in den dunklen Tiefen unseres Bewusstseins in jedem Moment der Dauer gleichsam unbemerkt weitergeht, dass das Gefühl der Dauer selbst aus dieser Quelle stammt und dass es ohne diese heterogene und kontinuierliche Dauer, in der sich unser Selbst entwickelt, keine moralische Krise gäbe. Die Untersuchung, selbst die genaue Untersuchung einer bestimmten freien Handlung, wird also das Problem der Freiheit nicht lösen. Die gesamte Reihe unserer heterogenen Bewusstseinszustände muss berücksichtigt werden. Mit anderen Worten: Der Schlüssel zum Problem muss in einer genauen Analyse der Idee der Dauer gesucht werden.

STICHWORTVERZEICHNIS